改變世界的偉大科技

進階的巨人

米萊童書 著/繪

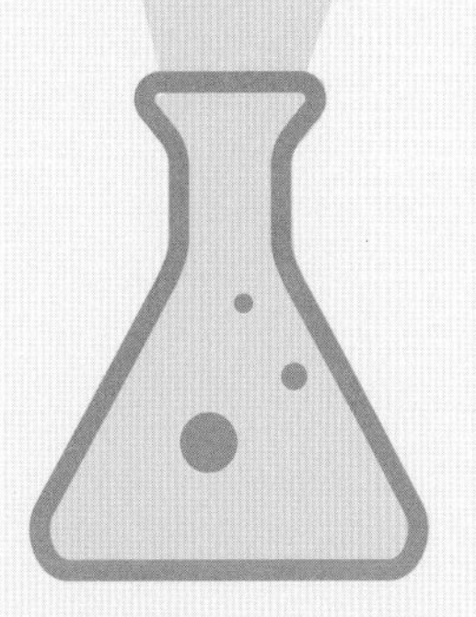

中華教育

智慧的奧妙與進階

世界上甚麼力量最強？那就是科技。科技猶如一個巨人，力大無比，頂天立地，所向披靡。可他又生性活潑調皮，愛與人交朋友，又好捉迷藏。你對他好，他會隨時陪伴着你，成為你的朋友；你對他不用心，他又會趁你不在意悄悄溜走。

和科技這個「巨人」打交道不是靠體力，而是靠智慧。如果你平時不愛學習和思考，你可能一輩子也不認識他，更不能成為朋友。如果你善於觀察，善於思考，你就會不時地與「巨人」相遇。假如你在吃飯的時候琢磨起筷子怎麼能夾住食物，在脫衣服時想到為甚麼會產生噼哩啪啦的火花……這時的巨人已戰戰兢兢，擔心自己被發現，被揭露隱蔽的祕密。如果你淺嘗輒止，到這裏就不再深入了，那就相當於打草驚蛇，巨人立刻就會換個地方重新藏起來。

如果你還想找到他，就需要學會另一個方法：思考。

思考與觀察同樣重要。巨人很喜歡善於思考的人，你盡可以天馬行空地想，提出一種你認為合理的假設。接下來，你要開始證明這個假設，不管是通過實驗，還是通過計算，只要你能證明自己是對的，巨人就無處可逃了。不過，要證明自己是對的並不容易，更別說人們總是在犯錯了！如果犯了錯，你也不用介意，巨人早已看過太多人犯的太多錯誤了，他不但不會笑話你，反而會被你的執着感動，故意露出個衣角給你，讓你看看其他人曾經犯過的錯誤、做過的研究，幫你順利找到他。

當你經歷千辛萬苦終於找到了巨人，也萬萬不能掉以輕心，因為現在的你和巨人還算不上是朋友，他會趁你不備再次跑掉，而且會藏得更深、更遠、更高。那麼，怎樣才能和巨人成為朋友呢？進階。你要牢牢抓住自己找到的線索，繼續往深處研究，往遠處研究，往高處研究，直到你的研究再登上一個階梯，發現一個嶄新的世界，你就能再次抓到巨人。進階後的巨人會對你多出一絲敬佩，並在心裏把你歸為科學家。巨人最喜歡和科學家做朋友，心情好的時候，還會讓科學家站到他的肩膀上，就像牛頓說的那樣。

階梯是無止境的，巨人會不斷地進階，把遊戲難度不斷地提高。對於我們這些後來者來說，和巨人做朋友似乎相當困難。不過別着急，告訴你一個祕密，別人是如何找到巨人的過程都寫在這本書裏了！

在這本書裏，你會通過精彩的畫面、生動的語言、有趣的故事，看到人們從巨人身上發現的原理和真相，有奇特的人體構造，有難解的數學公式，有抽象的物理世界；看到找到巨人後熱衷於創造發明的人們，有鑽研爆炸的諾貝爾，有擺弄機器的瓦特，有探索不止的愛迪生；最重要的是，你終將獲得找到巨人的方法和智慧，也許來自潛心思考的泰利斯，來自善於觀察生活的阿基米德，抑或來自專注實驗的伽利略……只要你能足夠認真地讀下去，不斷地從科學家身上汲取知識和精神，你和巨人的會面就指日可待！

現在就和我一起，開始尋找巨人之旅吧！

中國科學院院士
中國科普作家協會名譽理事長

如何與巨人交朋友？

科技是一位巨人，一位喜歡和人捉迷藏的巨人，一位總是變着花樣藏起來的巨人。但我知道，對世界充滿好奇的你，還是想和這位巨人做朋友，畢竟只有站在巨人的肩膀上，你才能明白以前不了解的事情，才能解答以前不知道的問題，才能看得更高、走得更遠——這就需要你仔細閱讀這份「交友手冊」了。

精美的大幅插畫

在此之前，我先給你說說這本書裏都有些甚麼吧！

《進階的巨人》為你介紹了千百年來人們追隨巨人腳步的旅程，也為你介紹了人們尋找巨人的種種方法，可以說是一本與巨人打交道的「祕笈」，但如果你只是一味地埋頭苦讀，不能學以致用，那你永遠也無法真正與巨人接觸，那麼，究竟應該怎麼讀這本書呢？這正是我準備告訴你的！

清晰的發展脈絡

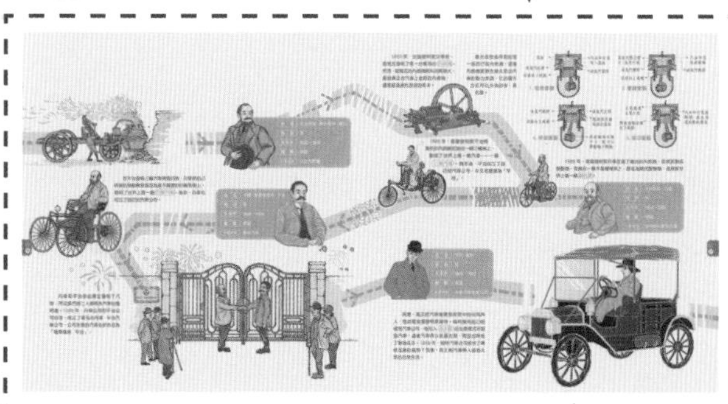

直觀的圖畫展示

科學之源

當你打開這本書的時候，你有沒有想過，這本書是怎麼來的？文字為甚麼會跑到紙上？樹木為甚麼會變成紙？一粒小小的種子為甚麼可以長成參天大樹？當你試圖回答這些問題時，恭喜你，你已經掌握了成為科學家的第一步——理性思考。

直白的講述文字

生動的漫畫表達

幽默的對話文字

我從沒被蘋果砸到過頭，但是我看到過蘋果從樹上掉下來，而且蘋果很好吃。

那麼，這本書都能帶給你甚麼呢？

無處不在的知識點，引導你思考與實踐

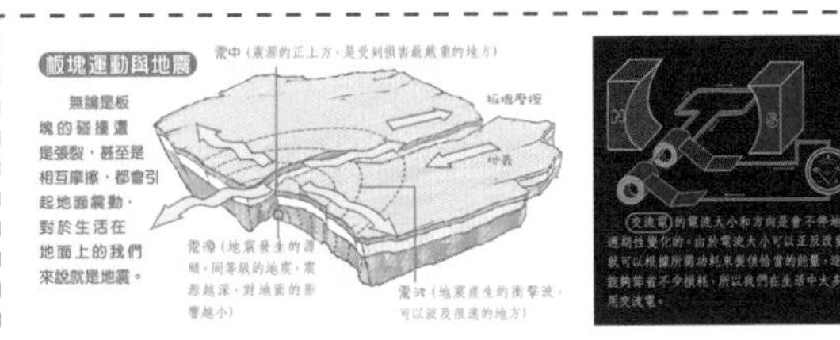
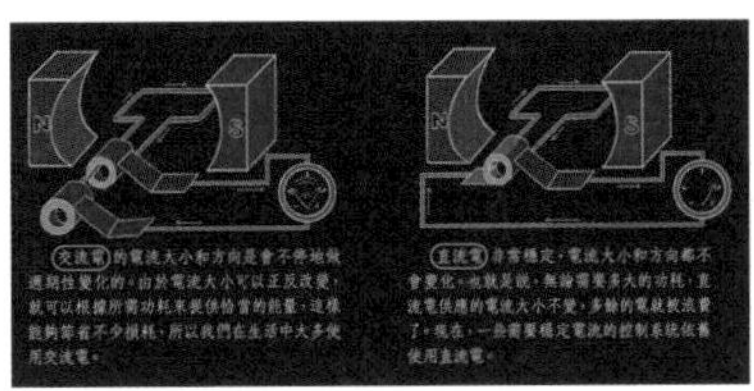

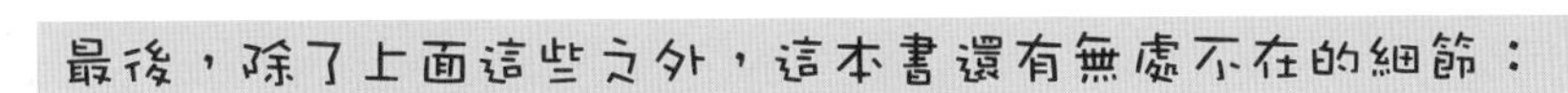

姓 名 德米特里·門捷列夫
性 別 男
生卒年 1834－1907
國 籍 俄羅斯
主要成就 發明元素週期表

地球是人類的搖籃，但人類不可能永遠被束縛在搖籃裏。
如果說我比別人看得更遠些，那是因為我站在巨人的肩膀上。
天才是1%的靈感和99%的努力。

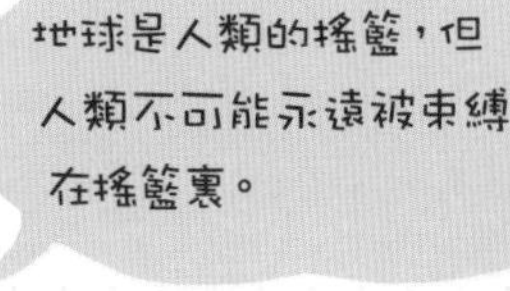
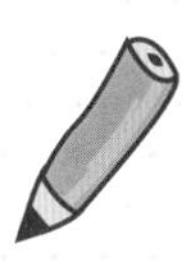

最後，除了上面這些之外，這本書還有無處不在的細節：

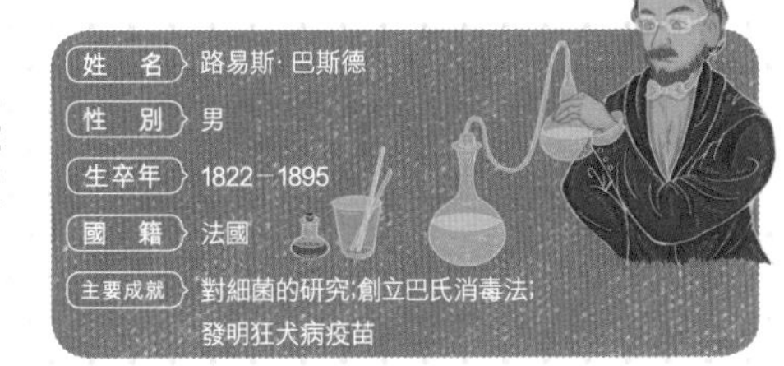

姓 名 路易斯·巴斯德
性 別 男
生卒年 1822－1895
國 籍 法國
主要成就 對細菌的研究；創立巴氏消毒法；發明狂犬病疫苗

- 獨特的頁碼設計，頁碼上的不同圖標代表不同的學科
- 簡潔的科學家名片，一張小卡片輕鬆了解科學家生平
- 有趣的頁面互動，把不相關的頁面巧妙地聯繫起來

這本書包含範圍之廣、涉及科目之多、內容之精彩、細節之豐富，可以說不勝枚舉，我只是稍微挑挑揀揀，就找出這麼多優點，你要是認認真真讀完它，肯定比我的收穫多！

話說回來，追隨巨人的腳步是一件很辛苦的事，這本書記載的，正是前人排除萬難後的收穫。由此可見這本書來之不易，不僅是編寫者的不易，更是前人科研創新、追逐巨人的不易。對於如此難得的書籍，只讀一遍必然是不夠的，要我說，這本書起碼要讀三遍！

對於還沒見過巨人的你來說，第一遍當然要謙虛奮進、好好學習了。但你也別擔心，作者專門用最直白、最淺顯的文字講述，和我現在跟你說話沒甚麼差別，所以你不用害怕看不懂，比如大名鼎鼎的「牛頓三大定律」，簡單的文字再加上生動的漫畫，你想不明白都難！

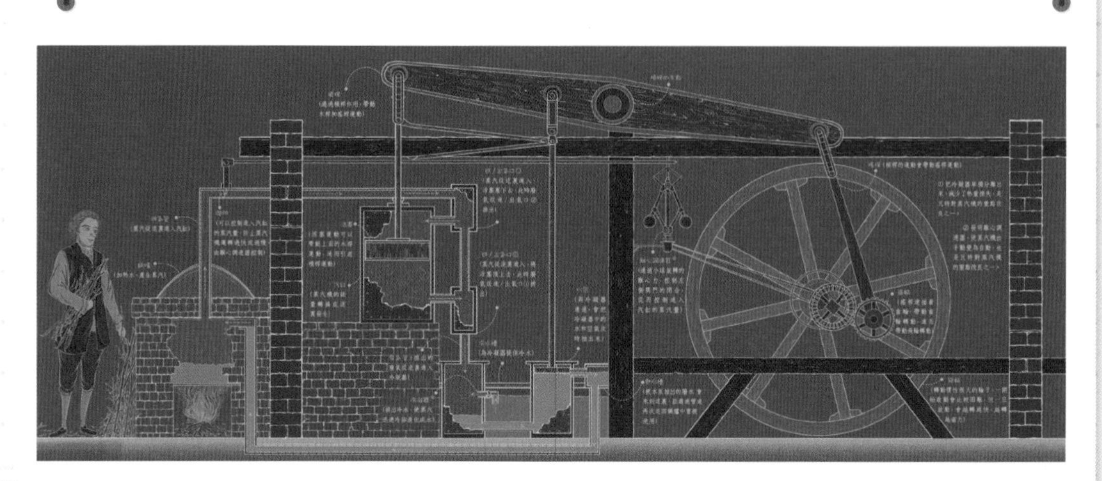

再比如曾經改變世界的蒸汽機，怕你不明白其中的原理，作者可是專門用了一跨頁把這個大傢伙完完全全給畫出來了！

如果你好奇心旺盛，我相信你會如飢似渴地讀完第一遍，這時候可能會覺得不過癮，還想再讀更多的書，學習更多的知識，但是等一等，你先回答我一個問題，這本書裏講的東西，你真的全都明白了嗎？比如，科學之祖泰利斯僅僅靠着太陽和自己的影子就測量出了金字塔的高度，你知道這是為甚麼嗎？

測量金字塔
關於泰利斯，還有一個有趣的故事。據說，有一年泰利斯到了埃及，當地人想試探一下他的能力，就讓他測量金字塔的高度。聰明的泰利斯並沒有被難住，他站在金字塔旁邊的陽光下，過一會兒就讓別人測量一下他自己影子的長度，等到影子的長度和他自身的身高完全相等時，他立刻去測量了金字塔的影子，把金字塔底邊長度的一半加上金字塔影子的長度，就知道了金字塔的高度。你知道這是為甚麼嗎？

其實，類似的故事在中國古代也發生過。三國時期，曹操最小的兒子曹沖非常聰明。有一天，有人送來了一頭大象，曹操想知道這頭大象有多重，但又不想殺死大象。文武百官都沒想出辦法，年僅五六歲的曹沖卻提出了用水稱大象的方法。這個方法的原理就是浮力定律。
把大象放到船上，在水面達到的船身上做好記號，再把船上的大象換成雜物，當水面達到記號的位置時，稱一下這些雜物，就能知道大象的重量了。

再比如，古代神童曹沖不用殺掉大象就能用水秤出大象的重量，你明白是怎麼計算的嗎？

如果書裏的問題你全都搞清楚了，急着要展示自己的博學，想去學校給同學們講一講，我可又要叫住你了。就算你學會了，你都明白了，但是你真的驗證過嗎？雖然我能保證這本書裏說的全是事實，但是對於你來說，任何從別處聽來的東西，在沒有經過自己親手驗證之前，都不應該輕信。比如，亞里士多德說兩個重量不同的球不會一起落到地面，但伽利略卻說會一起落地，你該相信誰呢？這時候，最好的辦法就是你自己拿兩顆球試一試。

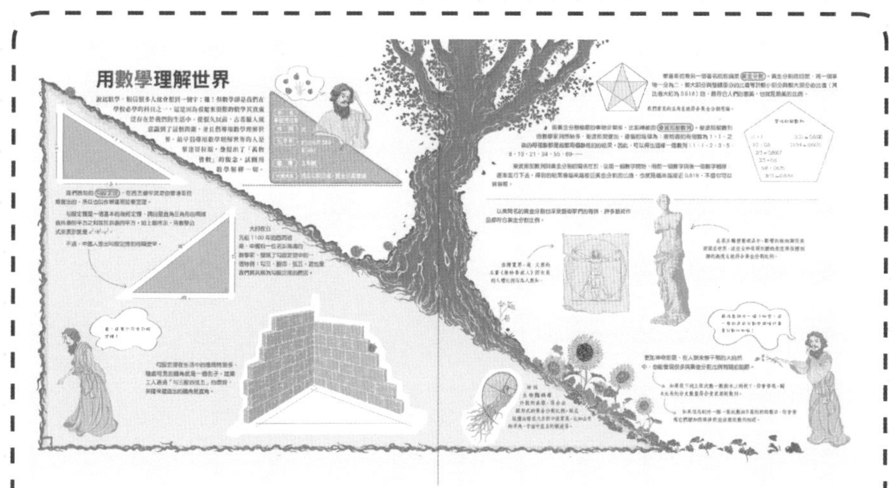

再比如，作者說「用數學理解世界」這一跨頁的分割符合黃金比例，你怎麼知道他說得對不對？萬一是騙你的呢？有辦法，你自己拿尺子量一量，算一算不就好了嘛！

我們也別總是學習，偶爾也要放鬆放鬆，但是先別急着放下書，找找書裏的「彩蛋」可是非常放鬆的哦！瞧，我剛才就找到一個，抗生素小哥哥正在和大科學家弗萊明互動呢！

附錄 索引

想要快速查找書中知識點？趕緊到附錄的「索引」中去找線索吧！知識點需要反覆溫習，更能進階哦！

如果你能認認真真按照我說的方法讀這本書，相信我，用不了多久你就能見到巨人了！甚麼？不相信？那你自己去試試看咯！

目錄

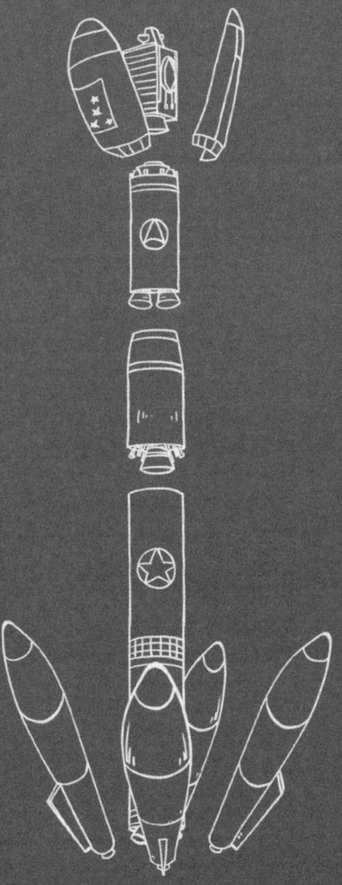

科學之源

當你打開這本書的時候，你有沒有想過，這本書是怎麼來的？文字為甚麼會跑到紙上？樹木為甚麼會變成紙？一粒小小的種子為甚麼可以長成參天大樹？當你試圖回答這些問題時，恭喜你，你已經掌握了成為科學家的第一步——理性思考。

在人類剛剛出現的年代，還沒有可以稱之為科學的事物。

隨着人類的進化，人們學會了用火，學會了耕作農田和圈養家畜，但是對大自然的各種現象還都不太了解，看到閃電可能還以為是天神在打噴嚏。對於那些想不出來答案的現象，人們將其歸結到動物身上：別看這些動物不會說話，也許牠們正靜悄悄地觀察着我們呢！越來越多的人開始信奉動物擁有神祕的力量，並且將牠們的形象藝術化，便逐漸形成了圖騰。

就像相信圖騰擁有神祕的力量一樣，曾經的人們相信神明也掌握着巨大的力量。當人們遭遇可怕的災難時，會向神明祈求庇護和拯救。當人們渡過災難之後，更加堅信是看不見的神明幫助了他們。

為了能夠更好地和神明（以及其他神祕力量）交流，那些聲稱自己與其他人不同的巫師出現了，他們一邊唸唸有詞，一邊手舞足蹈地施展巫術。

有些巫師就是純粹的騙子，但也有些巫師可以配出藥水治療病人，可惜他們自己也不一定明白為甚麼。

直到有人提出問題，並且試圖用超自然之外的方式解決它。

姓名	泰利斯
性別	男
生卒年	約公元前 624－前 546
國籍	古希臘
主要成就	科學和哲學之祖

米利都學派

泰利斯是古希臘乃至整個西方的第一位自然科學家和哲學家，被稱為「科學和哲學之祖」。有很多人被他深刻的思想所吸引，成為他的學生。泰利斯和他的部分學生擁有相同或相近的思想，他們一起組成了米利都學派，而泰利斯則是學派創始人。米利都學派與泰利斯一樣，涉及哲學和科學範疇，正是這個學派首先提出了對後世影響深遠的宇宙理論——地心說。

古希臘有一位名叫泰利斯的老先生，他提出了一個問題：「世界由甚麼組成？」最重要的是，他拒絕用圖騰、巫術等「超自然」的說辭來回答，而是根據自己平時的觀察經驗和理性思考來解釋問題。因此，科學就這樣誕生了。

泰利斯定理

泰利斯主張理性思考，他自己就是以身作則的理性榜樣，並且在數學上面發現了不少定理。其中還有一條是以他的名字命名的，叫作「泰利斯定理」：如果 A、B、C 是圓周上的三個點，並且 AC 是這個圓的直徑，那麼∠ ABC 必然是直角。

測量金字塔

關於泰利斯，還有一個有趣的故事。據説，有一年泰利斯到了埃及，當地人想試探一下他的能力，就讓他測量金字塔的高度。聰明的泰利斯並沒有被難住，他站在金字塔旁邊的陽光下，過一會兒就讓別人測量一下他自己影子的長度，等到影子的長度和他自身的身高完全相等時，他立刻去測量了金字塔的影子，把金字塔底邊長度的一半加上金字塔影子的長度，就知道了金字塔的高度。你知道這是為甚麼嗎？

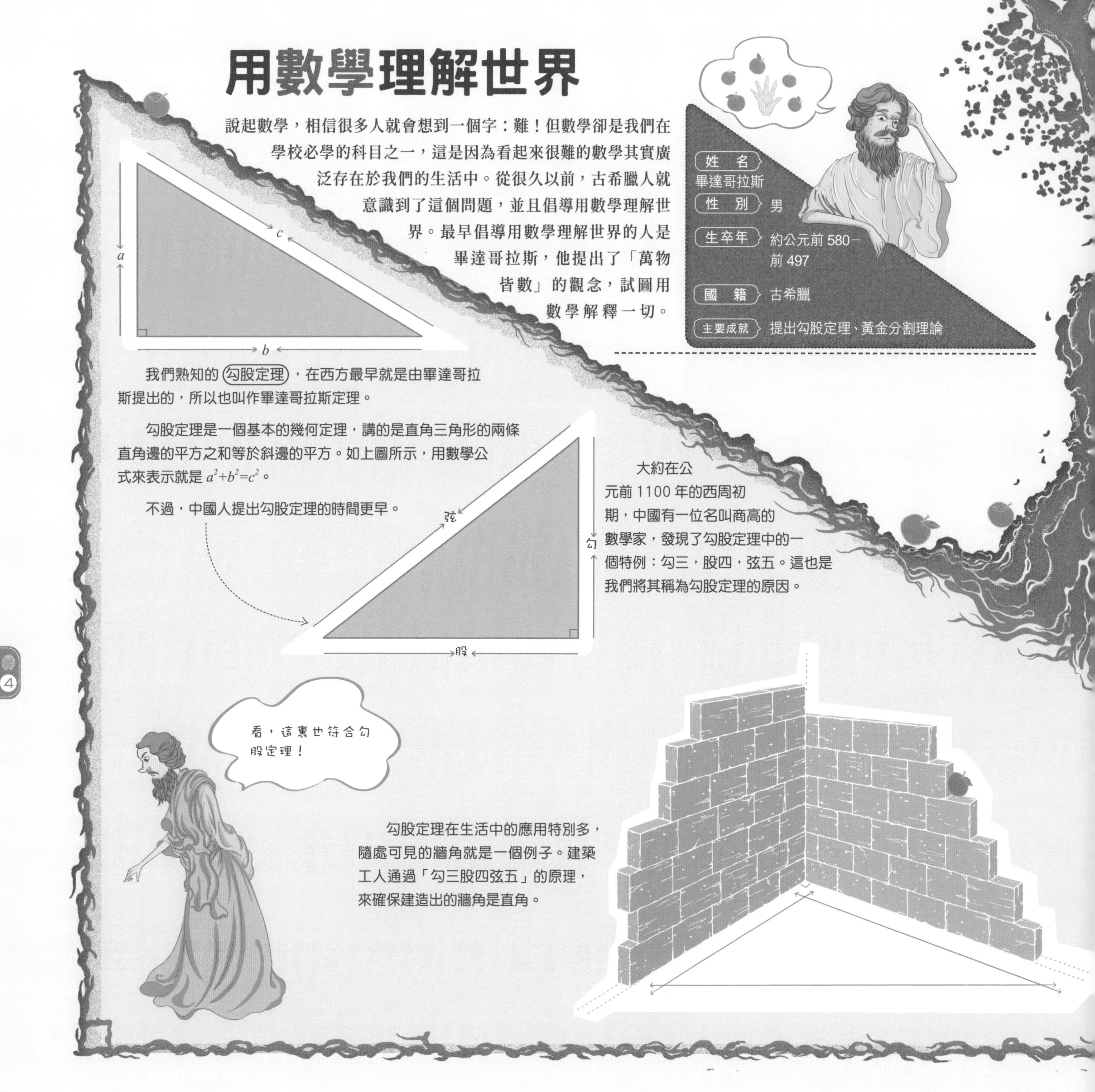

a
b
c
弦
勾
股
看，這裏也符合勾股定理！
姓名
畢達哥拉斯
性別
男
生卒年
約公元前 580－前 497
國籍
古希臘
主要成就
提出勾股定理、黃金分割理論

用數學理解世界

說起數學，相信很多人就會想到一個字：難！但數學卻是我們在學校必學的科目之一，這是因為看起來很難的數學其實廣泛存在於我們的生活中。從很久以前，古希臘人就意識到了這個問題，並且倡導用數學理解世界。最早倡導用數學理解世界的人是畢達哥拉斯，他提出了「萬物皆數」的觀念，試圖用數學解釋一切。

我們熟知的勾股定理，在西方最早就是由畢達哥拉斯提出的，所以也叫作畢達哥拉斯定理。

勾股定理是一個基本的幾何定理，講的是直角三角形的兩條直角邊的平方之和等於斜邊的平方。如上圖所示，用數學公式來表示就是 $a^2+b^2=c^2$。

不過，中國人提出勾股定理的時間更早。

大約在公元前 1100 年的西周初期，中國有一位名叫商高的數學家，發現了勾股定理中的一個特例：勾三，股四，弦五。這也是我們將其稱為勾股定理的原因。

勾股定理在生活中的應用特別多，隨處可見的牆角就是一個例子。建築工人通過「勾三股四弦五」的原理，來確保建造出的牆角是直角。

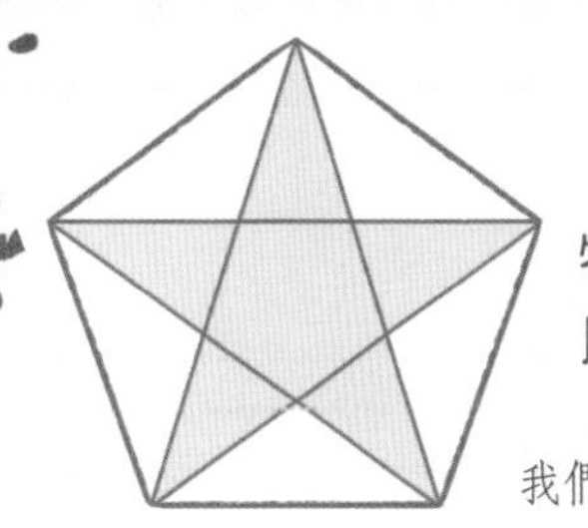

畢達哥拉斯另一個著名的理論是黃金分割。黃金分割指的是，將一個事物一分為二，較大部分與整體部分的比值等於較小部分與較大部分的比值（其比值大約為 0.618）時，最符合人們的審美，也就是最美的比例。

我們常見的五角星就符合黃金分割理論。

與黃金分割相關的事物非常多，比如神祕的斐波那契數列。斐波那契數列由數學家列昂納多．斐波那契提出，其遵循的規律為：最前面的兩個數為 1、1，之後的每個數都是前面兩個數相加的結果。因此，可以得出這樣一個數列：1，1，2，3，5，8，13，21，34，55，89……

斐波那契數列與黃金分割的關係在於：從第一個數字開始，用前一個數字與後一個數字相除，逐漸進行下去，得到的結果會越來越接近黃金分割的比值，也就是越來越接近 0.618，不信你可以算算看。

斐波那契數列

$1/1 = 1$

$1/2 = 0.5$

$2/3 \approx 0.6667$

$3/5 = 0.6$

$5/8 = 0.625$

$8/13 \approx 0.6154$

$13/21 \approx 0.6190$

$21/34 \approx 0.6176$

……

以美聞名的黃金分割也深受藝術家們的青睞，許多藝術作品都符合黃金分割比例。

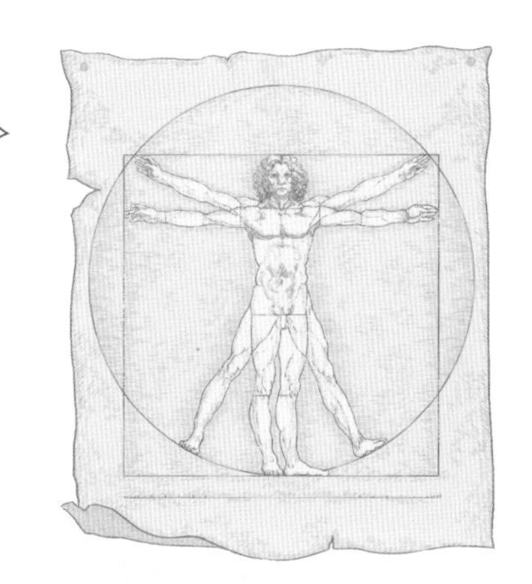

在繪畫界，達文西的名畫《維特魯威人》因完美的人體比例而為人熟知。

在眾多雕塑藝術品中，斷臂的維納斯因美而聞名世界，這位女神從頭到腰的高度與從腰到腳的高度比就符合黃金分割比例。

最後告訴你一個小秘密，這一頁的色彩分割也很接近黃金分割比例哦！

更加神奇的是，在人類未曾干預的大自然中，也能發現很多與黃金分割比例有關的蹤跡。

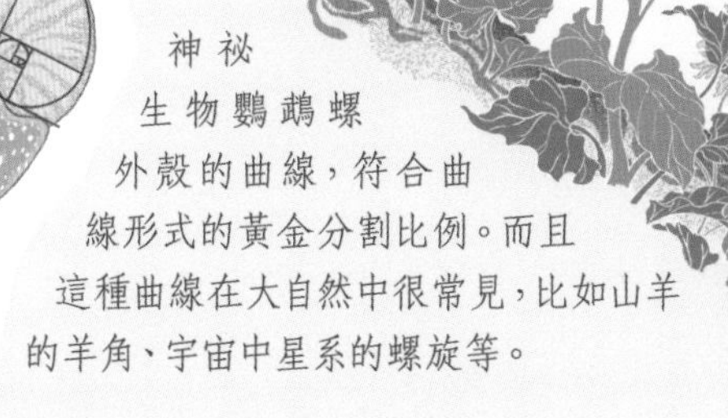

神祕生物鸚鵡螺外殼的曲線，符合曲線形式的黃金分割比例。而且這種曲線在大自然中很常見，比如山羊的羊角、宇宙中星系的螺旋等。

如果從下到上依次數一數左邊樹木上的枝丫你會發現，樹木生長的分支數量符合斐波那契數列。

如果從內到外一圈一圈地數左邊向日葵的籽的數目，你會發現它們增加的規律與斐波那契數列相近。

名人也會犯錯

從泰利斯引導人們理性思考時，科學的概念便誕生了。但是只有理性思考還不夠，還需要對各種各樣的事物留心觀察，並通過自己的經驗來判斷是非。而最早提倡觀察的科學家，正是我們熟知的亞里士多德。

姓名 亞里士多德
性別 男
生卒年 公元前 384－前 322
國籍 古希臘
主要成就 百科全書式的科學家

亞里士多德是著名哲學家柏拉圖的學生，也是歷史上知名的帝王亞歷山大大帝的老師。他的著作涉及眾多學科，因此被稱為百科全書式的科學家，而他對各個學科的見解，都對後世產生了相當持久的影響。一起來看看他都有哪些傑出的成就吧！

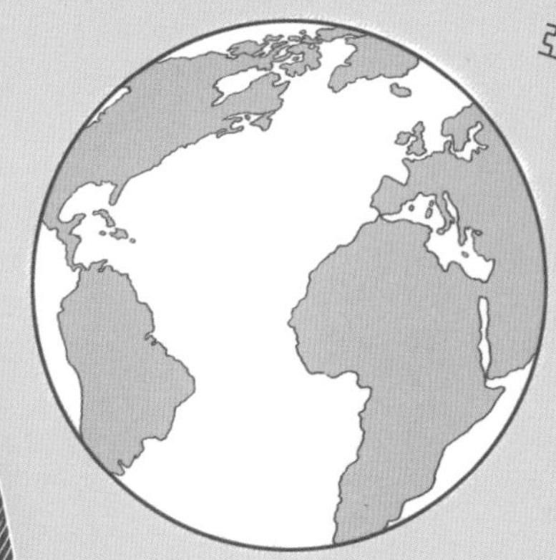

亞里士多德給出了地球是球形的第一個科學證據——月食時地球的影子是圓的。

亞里士多德對很多動物進行了解剖研究，並且發現鯨是胎生的。

亞里士多德在前人的基礎上發展完善，並且提出了自己的宇宙模型。他對宇宙研究的部分結論雖然不正確，但這是人類歷史上第一次嘗試全面解釋世界和宇宙的運作機制，其研究具有非常重要的意義。亞里士多德的宇宙模型正是後來一些人提出地心說的重要基礎。

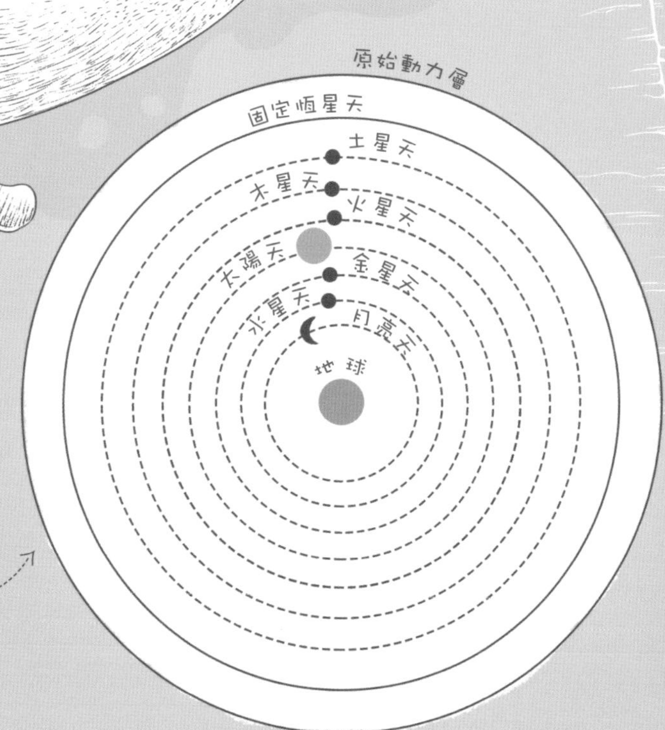

亞里士多德開辦了著名的呂克昂學園，招收了很多學生。學園裏有可以散步的林蔭道，亞里士多德經常一邊散步一邊給學生講課，非常逍遙自在，因此而得名逍遙學派。
亞里士多德雖然受到後世的敬仰，甚至被譽為「偉人」，但偉人也會犯錯。作為早期科學家，亞里士多德犯的錯可不少，他的不少理論都被後人推翻了。有趣的是，那些推翻他的理論的科學家後來都取得了偉大的成就。
亞里士多德認為純淨的光是白色的，我們平時之所以能見到各種顏色的光，是因為某種原因導致光發生了變化，變成了不純淨的光。真的是這樣嗎？
後世的牛頓通過把三棱鏡放在陽光下，證實了光是五顏六色的。
三棱鏡可以把陽光分解成七種顏色的光，雨後的水珠也可以通過陽光的照射，折射和反射出彩虹！
亞里士多德在物理學界有個著名的觀點：重量不同的兩個物體，較重的下落較快。真的是這樣嗎？
後世的伽利略通過實驗，推翻了這個觀點。
亞里士多德為甚麼會犯錯？
亞里士多德太過於相信經驗。因為在很多人的印象中，重的物體會比輕的物體先落地，所以他根據自己的想當然而提出了這個觀點。如果你肯用兩個重量不同的球試一試，就會發現它們真的是一起落地的。我們要用理性思考，要細心觀察，但也要注重實驗。
真是我錯了！

生活中的科學

有句話特別有名——「給我一個支點，我就能撬起整個地球」，相信大多數人都耳熟能詳，而說出這句話的人，就是我們的主角阿基米德。阿基米德是誰？他為甚麼敢說出這樣的話？他有甚麼科學依據？

姓名 阿基米德
性別 男
生卒年 公元前 287－前 212
國籍 古希臘
主要成就 發現槓桿原理
發現浮力定律

阿基米德之所以敢說出撬起地球的話，是因為他提出了槓桿原理。槓桿一定滿足三個點：支點（起支撐作用的點）、施力點（施加力量的點）、受力點（承受力量的點）。支點不一定要在中間，但支點處在不同的位置會形成不同的槓桿。

省力槓桿

支點距離施力點越遠，需要施加的力量越小，當支點到施力點的距離比支點到受力點的距離長時，組成的槓桿叫作省力槓桿。因為可以少費力氣，所以省力槓桿在生活中非常常見。

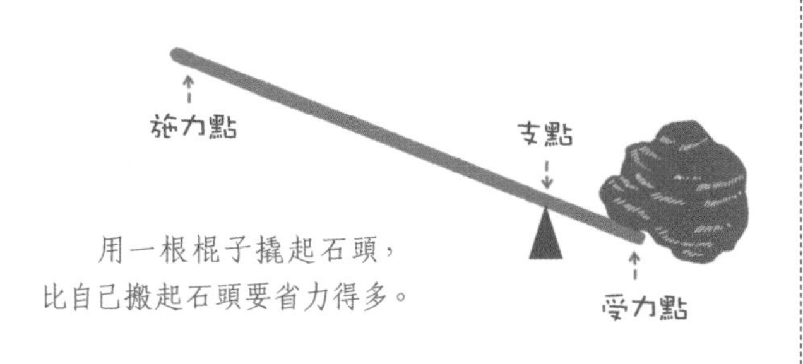

用一根棍子撬起石頭，比自己搬起石頭要省力得多。

我們平時用的剪刀其實也是利用了省力槓桿的原理。

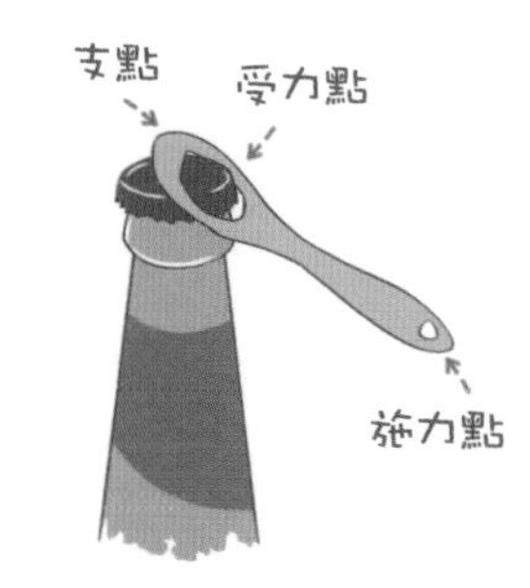

開瓶器也是生活中常見的省力槓桿之一。

費力槓桿

支點距離施力點越近，需要施加的力量越大，當支點到施力點的距離比支點到受力點的距離短時，組成的槓桿叫作費力槓桿。雖然費力，但用處也是很大的，生活中有很多東西都符合費力槓桿的原理。

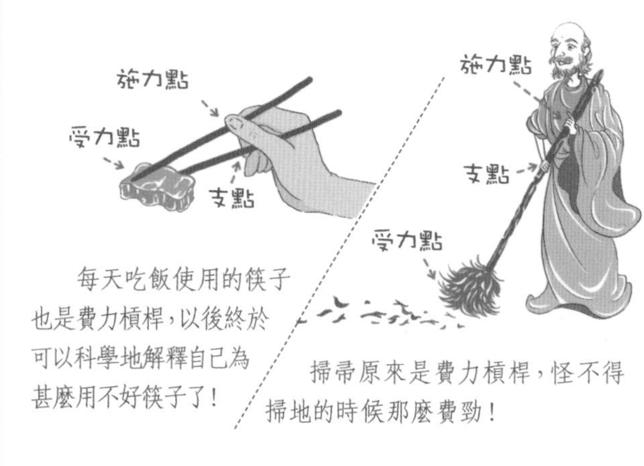

每天吃飯使用的筷子也是費力槓桿，以後終於可以科學地解釋自己為甚麼用不好筷子了！

掃帚原來是費力槓桿，怪不得掃地的時候那麼費勁！

就連我們的手臂都符合費力槓桿的原理！

等臂槓桿

當支點到施力點的距離與支點到受力點的距離相等時，組成的槓桿叫作等臂槓桿（因此等臂槓桿的施力點和受力點可以互換）。等臂槓桿既不費力也不省力，在生活中都有哪些應用呢？

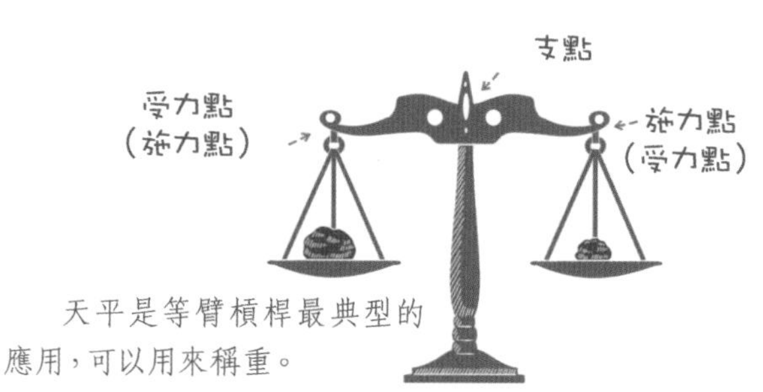

天平是等臂槓桿最典型的應用，可以用來稱重。

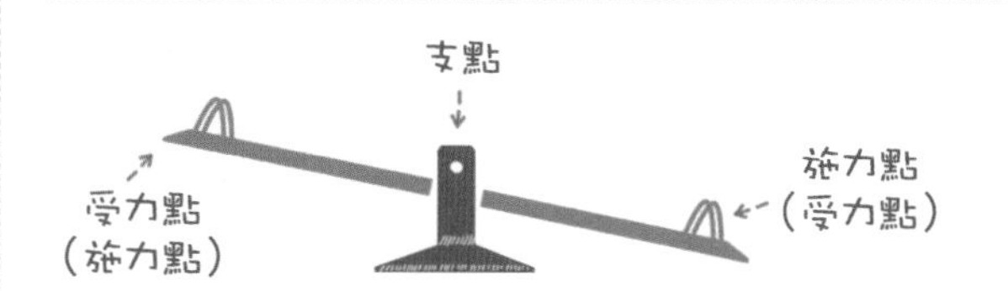

人們經常在公園裏玩蹺蹺板，現在總算知道它的原理了。

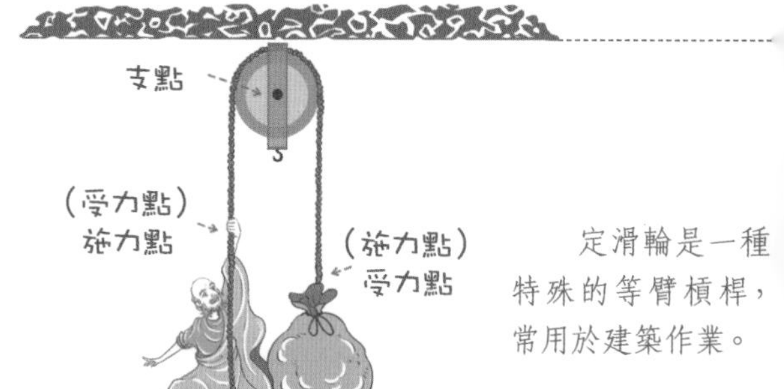

定滑輪是一種特殊的等臂槓桿，常用於建築作業。

現在你知道阿基米德想要撬起地球的話，需要用哪種槓桿了嗎？

我發現了！發現了！

浮力定律小故事

相傳，有一個國王命工匠做了一頂純金的王冠，但做好之後，國王覺得王冠不是純金的， 認為是工匠偷偷拿走了一部分金子。國王不想破壞這個王冠，但又想檢驗它是不是純金的，於是就請來了阿基米德。

一開始，阿基米德也無計可施。直到有一天，他像往常一樣洗澡，當他坐進浴桶之後，看到很多水溢出了桶外，突然想到了一個好辦法！

阿基米德來到王宮，把王冠和同等重量的純金塊放到兩個大小相等並且盛滿水的盆子裏，然後比較從兩個盆中溢出來的水，最後證實王冠果然不是純金的。

洗澡前　洗澡後

原來，在洗澡的時候阿基米德發現了一個現象，他坐進浴桶後，因為浴桶裏能裝的物體多少有限，所以他把桶裏的水都「擠」到了桶外，而從桶裏溢出的水的總量和他自身的體積是一樣的。

如果王冠是純金的，放王冠的盆裏溢出的水量就應該和放純金塊的盆裏溢出的水量相同。但事實是兩個盆溢出的水量不同，所以證明王冠裏摻雜了其他金屬！

這個科學原理叫作(浮力定律)：物體在靜止液體中獲得的浮力，等於它排開的液體的重量。

其實，類似的故事在中國古代也發生過。三國時期，曹操最小的兒子曹沖非常聰明。有一天，有人送來了一頭大象，曹操想知道這頭大象有多重，但又不想殺死大象。文武百官都沒想出辦法，年僅五六歲的曹沖卻提出了用水稱大象的方法。這個方法的原理就是浮力定律。

把大象放到船上，在水面達到的船身上做好記號，再把船上的大象換成雜物，當水面達到記號的位置時，稱一下這些雜物，就能知道大象的重量了。
=

誰是宇宙的中心

從科學之祖泰利斯開始，人們對宇宙的思考從未停歇，後來經過亞里士多德等人的發展和完善，最終，大部分人都認為世界是圍繞地球轉動的，但真的是這樣嗎？

「地心說」

「地心說」最早從米利都學派起步，後由古希臘學者歐多索克斯提出，經過亞里士多德的發展，最後由托勒密完善，在 16 世紀以前，歐洲人普遍相信「地心說」。

「地心說」認為，地球位於世界的中心並且靜止不動，其他星球都圍繞地球轉動，這些星球的運轉速度保持不變，運轉軌道保持正圓。

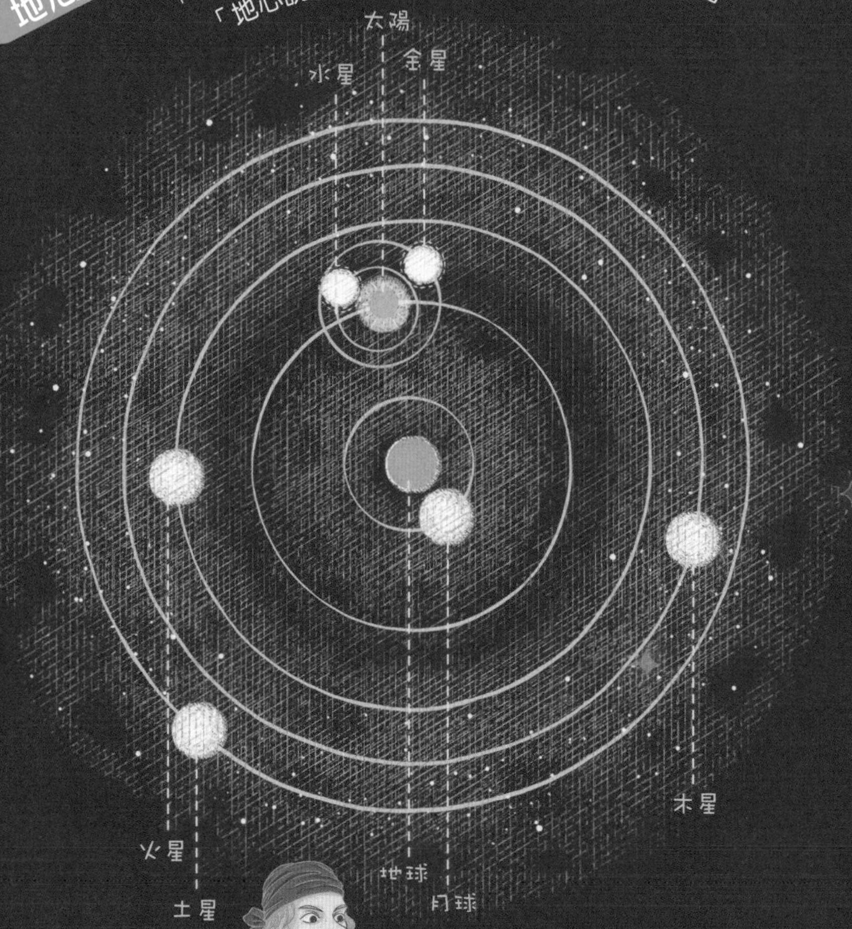

姓名	克羅狄斯·托勒密
性別	男
生卒年	約 90－168
國籍	古羅馬帝國
主要成就	「地心說」的集大成者

「日心說」

「日心說」出現於 1543 年，由波蘭天文學家哥白尼提出。起初，人們都不願意面對地球不是世界中心的事實，直到後世很多科學家支持並驗證了這個理論，「日心說」才逐漸被接受。

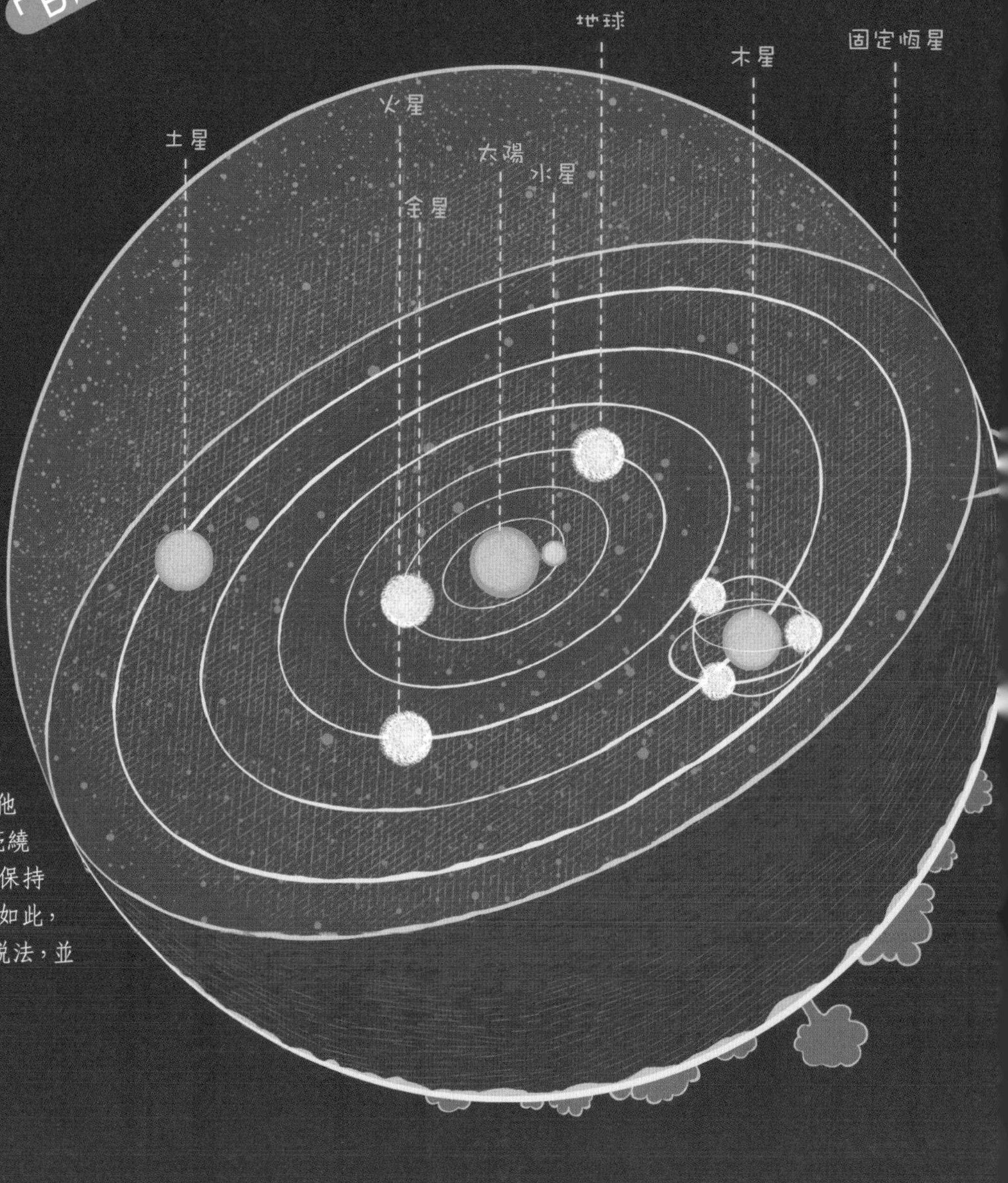

「日心說」認為，太陽是宇宙的中心並且靜止不動，地球和其他行星一起圍繞太陽轉動，只有月亮繞着地球轉動，各星球的運轉速度保持勻速，運轉軌道保持正圓。不僅如此，「日心說」還提出地球是球形的說法，並且認為地球在自轉。

開普勒定律

「日心說」開啟了人類對宇宙的嶄新認識，也開闢了人類對宇宙的深入探索之路。有位叫第谷的科學家堅持不懈地用肉眼觀測天體，積累了有關天體運動的豐富資料，後來他收了一個學生，名叫開普勒。開普勒用了近十年的時間仔細研究第谷的資料，總結出了行星運動的規律，並提出了著名的開普勒定律。

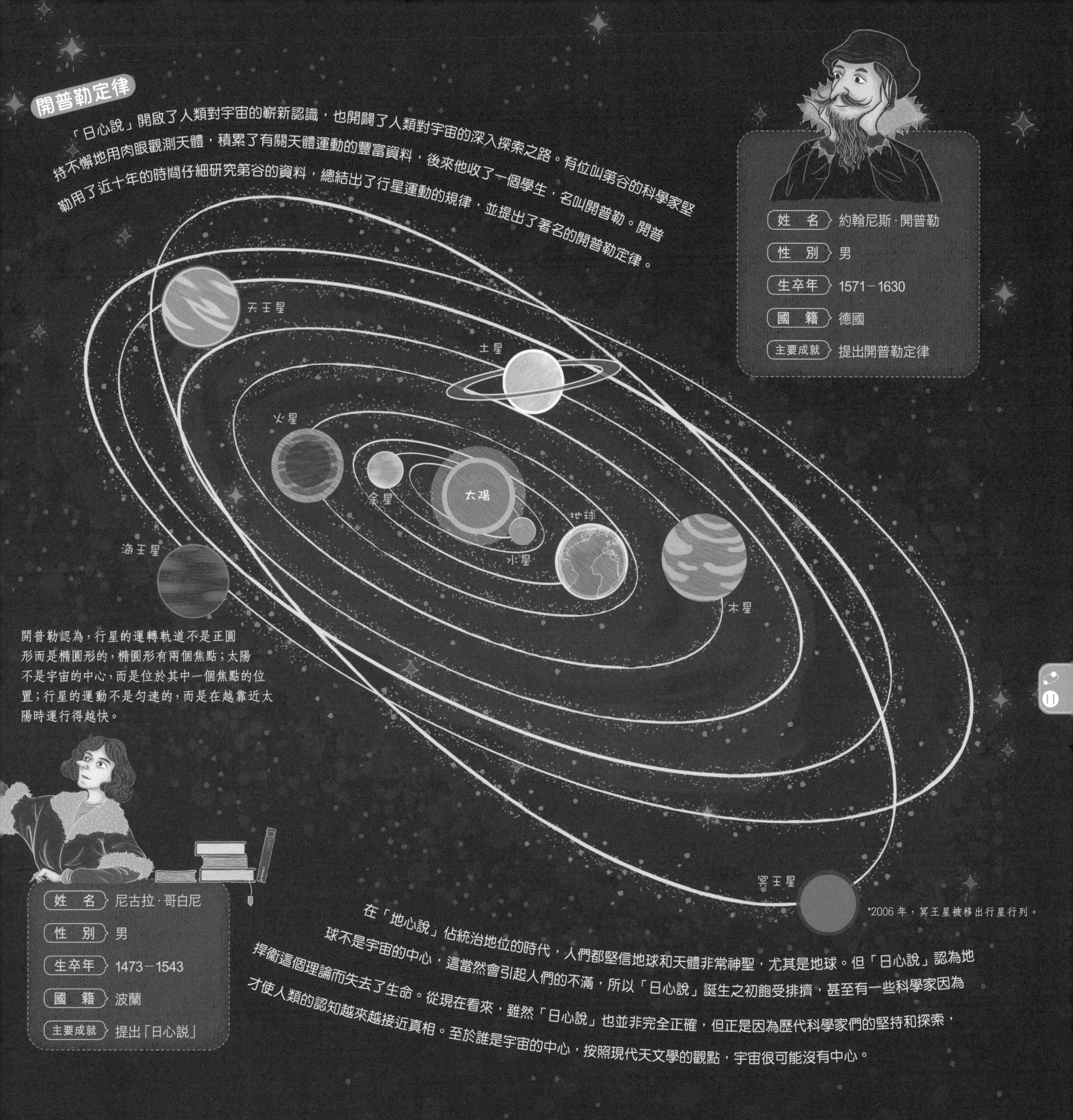

姓名 約翰尼斯·開普勒
性別 男
生卒年 1571－1630
國籍 德國
主要成就 提出開普勒定律
天王星
土星
火星
金星
太陽
地球
水星
海王星
木星
冥王星
姓名 尼古拉·哥白尼
性別 男
生卒年 1473－1543
國籍 波蘭
主要成就 提出「日心說」

開普勒認為，行星的運轉軌道不是正圓形而是橢圓形的，橢圓形有兩個焦點；太陽不是宇宙的中心，而是位於其中一個焦點的位置；行星的運動不是勻速的，而是在越靠近太陽時運行得越快。

*2006 年，冥王星被移出行星行列。

在「地心說」佔統治地位的時代，人們都堅信地球和天體非常神聖，尤其是地球。但「日心說」認為地球不是宇宙的中心，這當然會引起人們的不滿，所以「日心說」誕生之初飽受排擠，甚至有一些科學家因為捍衛這個理論而失去了生命。從現在看來，雖然「日心說」也並非完全正確，但正是因為歷代科學家們的堅持和探索，才使人類的認知越來越接近真相。至於誰是宇宙的中心，按照現代天文學的觀點，宇宙很可能沒有中心。

用實驗驗證理論

在很長一段時間內，歐洲人都將亞里士多德作為「科學」的代名詞，甚至堅信亞里士多德提出的理論都是正確的。但有個人不同，他不盲目信任亞里士多德，而是相信自己動手做實驗得到的結果，這個人就是伽利略。也正因如此，伽利略成為近代實驗科學的奠基人。

亞里士多德憑借多年的「直覺」，提出了「重的物體比輕的物體下落速度更快」的觀點，這種觀點統治了西方學術界將近兩千年。直到伽利略親自做了多次實驗，最終才用事實證明：重量不同的物體做自由落體運動（不施加其他力量，讓物體只在地球引力的作用下下落）的下落速度是相同的，最終會同時落地。

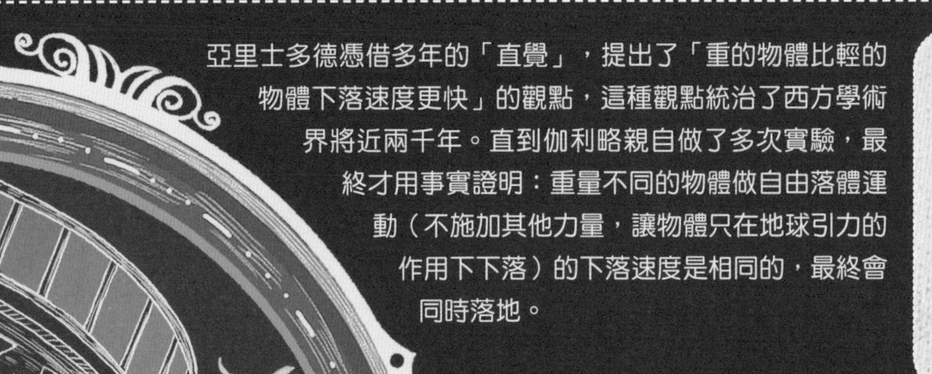

姓名	伽利略·伽利雷
性別	男
生卒年	1564－1642
國籍	意大利
主要成就	提出自由落體運動的相關理論、開拓用望遠鏡觀測天文的新時代

如果同時扔下一張紙和一個小球，它們是否會同時落地？

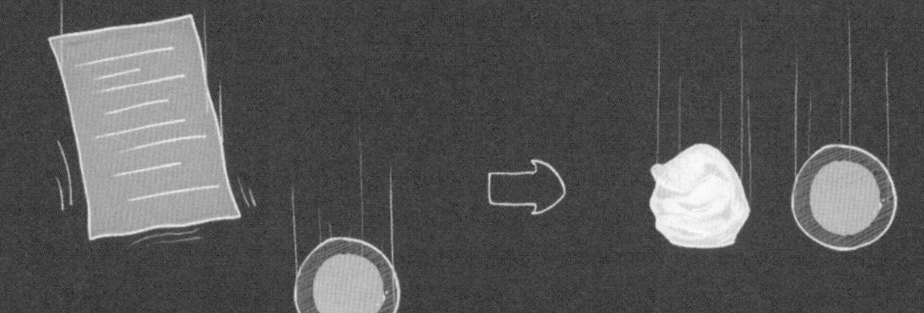

做這個實驗很簡單，你左手拿一張紙，右手拿一個小球，將兩隻手舉到同樣的高度後鬆手，觀察兩個物體下落的快慢和落地的時間是否一致。不過你會發現，紙張比小球下落得更慢。別擔心，現在你把紙儘可能地團成一個紙團，再試一次。雖然我們周圍看起來甚麼都沒有，但其實充滿了無色無味的空氣，空氣也會影響物體的運動。因為紙張很寬，和空氣接觸的面積很大，這會給紙張增加額外的空氣阻力，所以減慢了紙張的下落速度。當你把它揉成紙團，它與空氣接觸的面積就和小球差別不大了，所以可以和小球同時落地。

我們熟知的「兩個鐵球同時着地」的故事，講述的就是伽利略在比薩斜塔做自由落體實驗的事情。然而實際上，伽利略是否曾在比薩斜塔上做過此實驗仍有爭議，因為伽利略的著作中並沒有提到這件事，但他確實提出了有關自由落體的理論。

據說有一天，伽利略坐在大教堂裏，注意到教堂天花板上的吊燈正在隨風擺動。善於觀察的伽利略想到一個好主意，他一邊測量自己的脈搏，一邊數着吊燈擺動的次數。

在科技非常不發達的古代，天文學家只能用肉眼觀測天體運動，這樣觀測的結果不夠準確，當然，也十分艱難，改變這一切的正是伽利略。雖然不是發明望遠鏡的人，但伽利略是第一個用望遠鏡觀測星空的人，而他觀測到的一切在當時都引起了巨大轟動。

我們現在都知道月球表面凹凸不平，這個事實正是伽利略發現的。不僅如此，伽利略還發現了木星的四顆衛星：木衛一、木衛二、木衛三和木衛四，現在我們稱它們為「伽利略衛星」。後來，伽利略還發現了金星其實不發光、土星有光環等現象。

隨着時間的推移，伽利略發現雖然吊燈擺動的幅度有所減小，但來回擺動一次所需要的時間卻是固定不變的。

吊燈擺動其實是一種簡單的物理裝置，我們稱之為單擺，一般由一個重球、一段沒有彈性的連接繩和一個固定點組成。伽利略發現單擺每次擺動所需的時間相等，根據這個特性，我們製造出了計時的擺鐘。

站在巨人的肩膀上

伽利略打開了近代科學的大門，但在他去世以後的很長一段時間內，人們卻一直沒能取得甚麼突破性的進展，直到牛頓的誕生。

其實，我從沒被蘋果砸到過頭，但是我看到蘋果從樹上掉下來。

牛頓一生為科學做出了很多貢獻，其中以牛頓運動定律和萬有引力定律最為突出。

牛頓運動定律包含三條定律，分別是：牛頓第一運動定律、牛頓第二運動定律和牛頓第三運動定律。

如果說我比別人看得更遠些，那是因為我站在巨人的肩膀上。

姓名	艾薩克·牛頓
性別	男
生卒年	1643－1727
國籍	英國
特點	百科全書式的「全才」
主要成就	提出牛頓運動定律、萬有引力定律等

牛頓第一運動定律

我現在的速度是每秒三米，只要沒人碰我，我將一直按照這個速度跑下去！

我現在是靜止狀態，只要沒人碰我，我將一直保持靜止！

生活中的任何物體，在沒有受到力的作用時，只能保持兩種狀態：一種是不停地做勻速直線運動；一種是完全的靜止。

牛頓第二運動定律

對於質量不同的兩個物體來說，受到相同的作用力之後，質量更小的那個得到的加速度更大。

加速度可以改變物體運動的速度，加速度的方向跟物體運動的方向相同時會加快物體運動的速度，相反時會降低物體運動的速度。在牛頓第二定律中，加速度的方向跟作用力的方向相同。

牛頓第三運動定律

力的作用是相互的。

當你對一個物體用力時，其實對方也會對你產生反作用力。

萬有引力定律

萬有引力定律指的是任何有質量的兩個物體之間都存在相互吸引的力，這個力叫作引力，質量越大，引力越大，距離越近，引力越大。

太陽的引力使太陽系的天體都繞着它轉。

因為太陽的引力，地球繞着太陽轉。

因為地球的引力，月球繞着地球轉。

但是，一旦被外力干擾……

就會改變原來的運動狀態。

那麼，如果沒有外力呢？

沒有外力干擾，物體就會保持原來的狀態：做勻速直線運動的物體會依舊保持勻速直線運動；靜止狀態的物體會依舊保持靜止。

正因如此，在沒有外力干擾的太空中，失去推進器的火箭也能繼續前行。

哈哈，我力氣大！

對於質量相同的兩個物體來說，在受到的作用力不相同的情況下，受到的作用力越大的那個，得到的加速度也就越大。

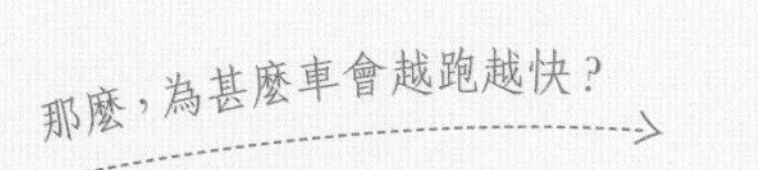

那麼，為甚麼車會越跑越快？

當我們踩下油門時，就給汽車施加了向前的作用力，本來就向前行駛的汽車得到了同方向的加速度，因此速度會越來越快。

作用力和反作用力的方向相反、大小相等。

那麼，火箭為甚麼可以升空？

所以說，你在打別人的同時，別人也在「打」你。

火箭發射時，燃料爆炸往下噴，給地面和周邊空氣施加了巨大的作用力。根據作用力與反作用力的原理，地面和空氣也會同時給火箭施加相等的反作用力，把火箭推上天空。

我們之所以能站在地球上，也是因為地球對我們的引力，我們將這種引力稱為重力。

不僅天體有引力，任何兩個有質量的物體之間都是存在引力的。比如你和你的好朋友，其實也在默默「吸引」着對方哦！不過因為地球的引力太大，使得地球上其他物體的引力都不怎麼明顯了。

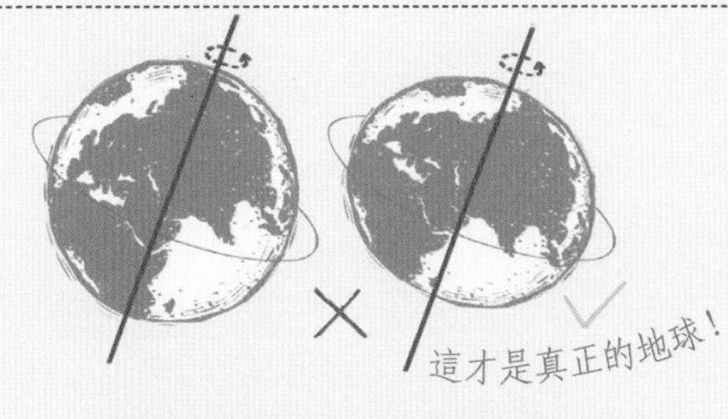

這才是真正的地球！

星球的形成也得益於萬有引力。宇宙中的微小物質因為引力聚集在一起，經過上億年的演變，最終形成了大大小小的星球，地球也是這麼形成的。

因為地球繞地軸自轉，這個額外的力會影響地球的形狀，使地球不可能是正圓球體的。牛頓很早就推測出地球其實是個赤道部分突出的橢圓球體，並且根據公式計算出了地球的扁平程度。

打開身體的祕密

在哥白尼發表《天體運行論》的同一年，也就是1543年，另一部偉大的著作《人體構造》也問世了。《天體運行論》掀起了天文學界的革命，《人體構造》則引發了醫學界的革命。從此以後，解剖學進入了一個嶄新的歷史階段。

《人體構造》的作者是著名解剖學家維薩里，在這本書裏，維薩里展示了自己多年的解剖成果，不僅有詳細的人體肌肉解剖，而且有對骨骼、內臟等詳盡的刻畫。不同於我們普遍認為的解剖書，這本書最大的特點在於書中所畫的人體不是普通的站着或坐着，而是有的仰首、有的沉思，姿態各異，形象生動，非常有趣，所以也被稱為「活的解剖學」。

姓名	安德烈亞斯·維薩里
性別	男
生卒年	1514－1564
國籍	比利時
主要成就	解剖學之父，著有《人體構造》

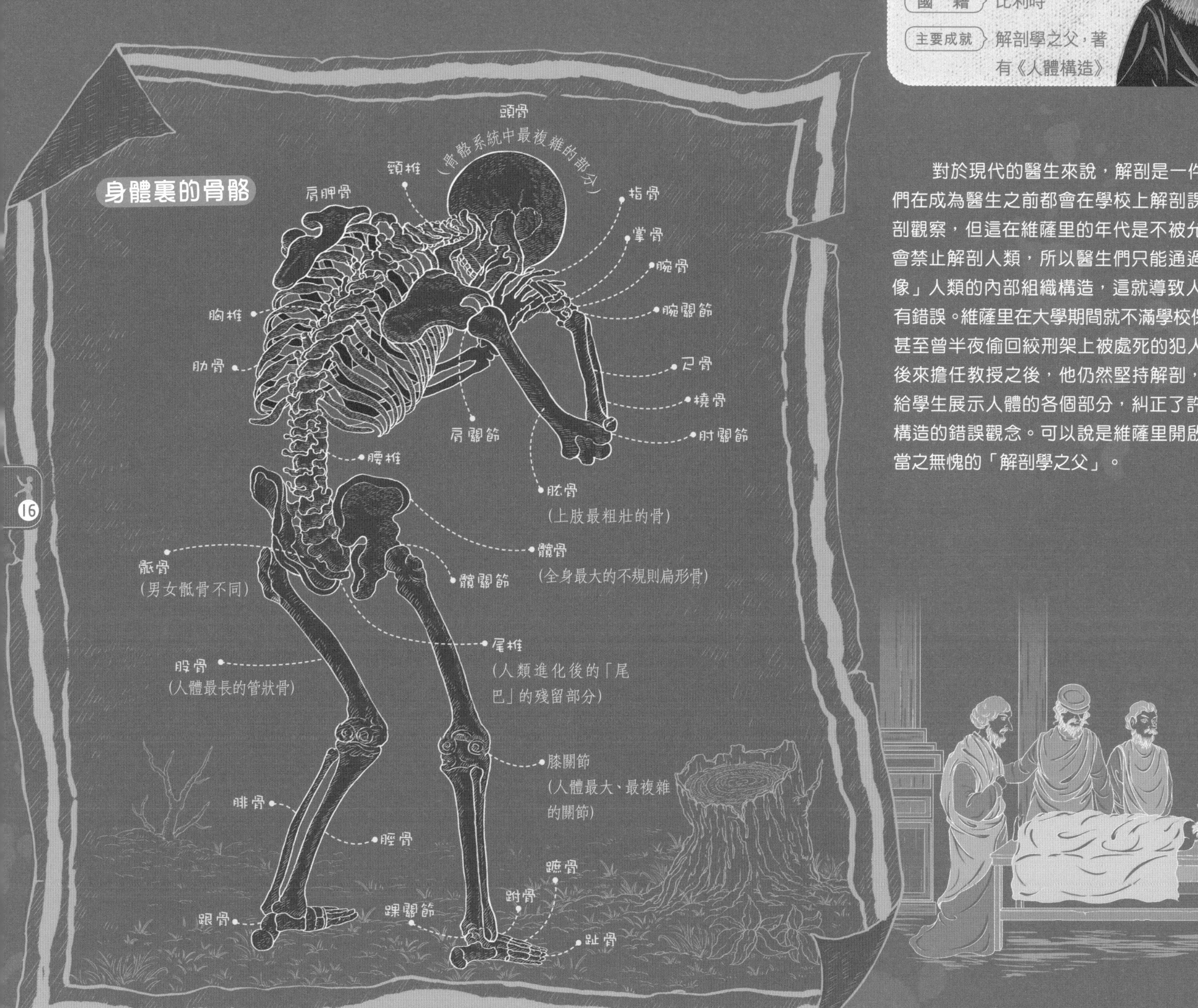

對於現代的醫生來說，解剖是一件很平常的事，他們在成為醫生之前都會在學校上解剖課，對屍體進行解剖觀察，但這在維薩里的年代是不被允許的。當時的社會禁止解剖人類，所以醫生們只能通過解剖動物來「想像」人類的內部組織構造，這就導致人們對人體的認識有錯誤。維薩里在大學期間就不滿學校保守的教學方法，甚至曾半夜偷回絞刑架上被處死的犯人屍體進行解剖。後來擔任教授之後，他仍然堅持解剖，並且親自用屍體給學生展示人體的各個部分，糾正了許多當時對於人體構造的錯誤觀念。可以說是維薩里開啟了解剖學，他是當之無愧的「解剖學之父」。

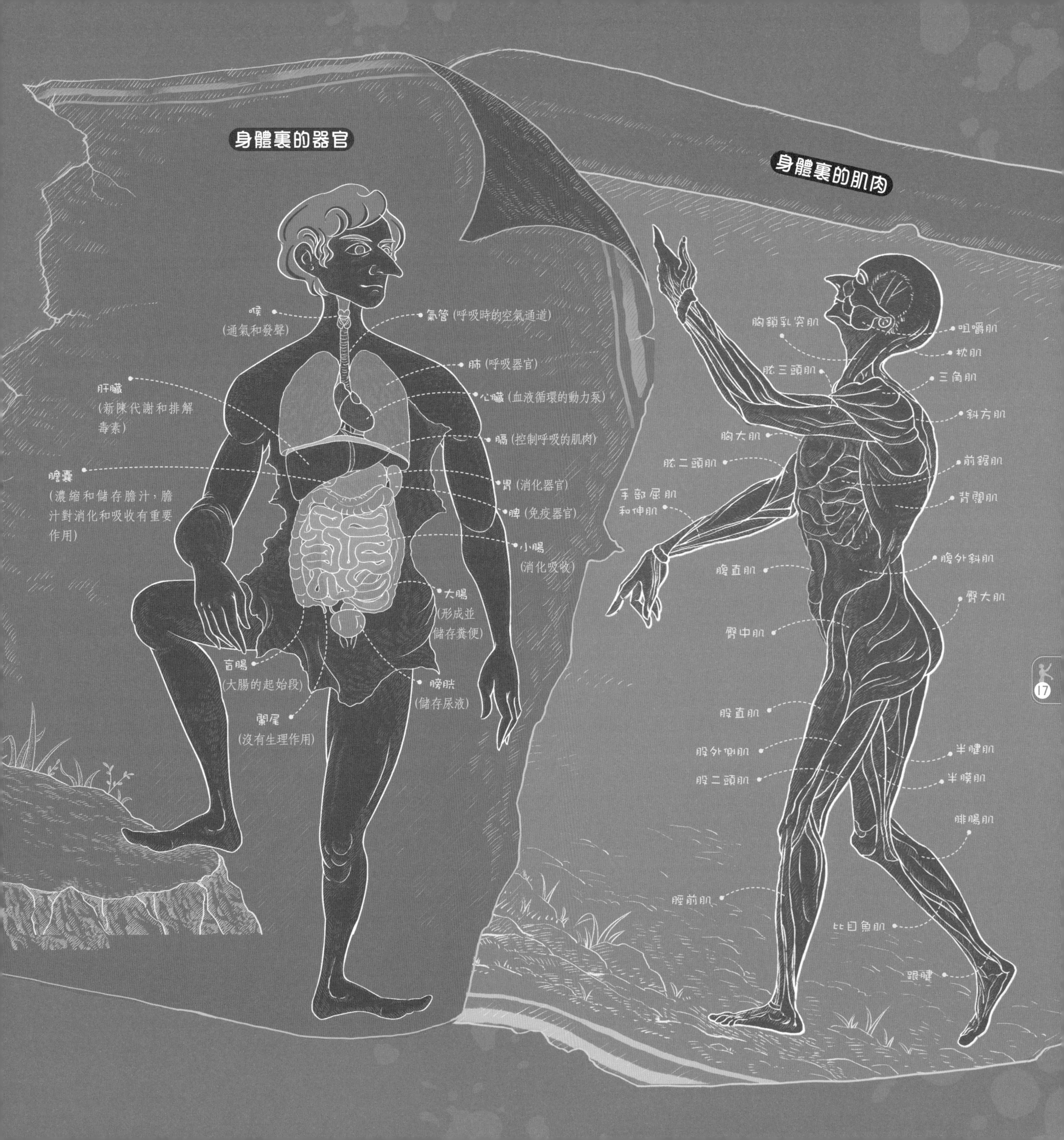

身體裏的器官
喉
(通氣和發聲)
氣管(呼吸時的空氣通道)
肺(呼吸器官)
肝臟
(新陳代謝和排解
毒素)
心臟(血液循環的動力泵)
膈(控制呼吸的肌肉)
膽囊
(濃縮和儲存膽汁，膽
汁對消化和吸收有重要
作用)
胃(消化器官)
脾(免疫器官)
小腸
(消化吸收)
大腸
(形成並
儲存糞便)
盲腸
(大腸的起始段)
膀胱
(儲存尿液)
闌尾
(沒有生理作用)
身體裏的肌肉
胸鎖乳突肌
咀嚼肌
枕肌
肱三頭肌
三角肌
斜方肌
胸大肌
肱二頭肌
前鋸肌
手部屈肌
和伸肌
背闊肌
腹外斜肌
腹直肌
臀大肌
臀中肌
股直肌
股外側肌
半腱肌
股二頭肌
半膜肌
腓腸肌
脛前肌
比目魚肌
跟腱

身體裏的循環

維薩里發現了身體內有關肌肉、骨骼和臟器的祕密，但沒有揭開血液的祕密。人體內充滿了血液，我們摔跤會流血，打架會流血，不小心割傷自己也會流血，而且身體的任何部位都有可能流血，看起來我們的血液多得不得了。但實際上，人體內的血液是有限的，只是它們在我們的身體裏不斷地流動着、循環着，就像辛勤的搬運工，為我們身體的各處輸送氧氣和養料。

姓　名	威廉·哈維
性　別	男
生卒年	1578－1657
國　籍	英國
主要成就	發現血液循環的規律

發現血液循環規律的人是英國科學家哈維，他把自己的著作總結在一部《心血運動論》中。

哈維提出了血液循環的方式和過程：從右心室排出的血液，經過肺動脈和肺靜脈，進入左心室，再進入主動脈，到達肢體各部分，最後通過身體上的靜脈回到右心室，完成循環。

不過，由於時代的限制，哈維最終沒能證明動脈血是如何進入靜脈血管的，我們現在之所以得知其中的原理，則要感謝一位意大利醫學家馬爾比基——他在 1661 年發現了毛細血管的存在。

毛細血管和各級血管連在一起，共同在我們的身體裏「織了一張網」，這些血管從頭到腳、從眼眶到指尖，遍佈我們的身體，再加上心房和心室全年無休的收縮，才讓血液動了起來，完成了身體裏的血液循環。

人體內的循環分為兩種：肺循環和體循環。肺循環主要是為了完成肺部的氣體交換，體循環主要是為了給身體各處輸送氧氣和養料。不過，肺循環和體循環不是相互隔離的，相反，它們「互幫互助」，共同滋養着我們的身體。

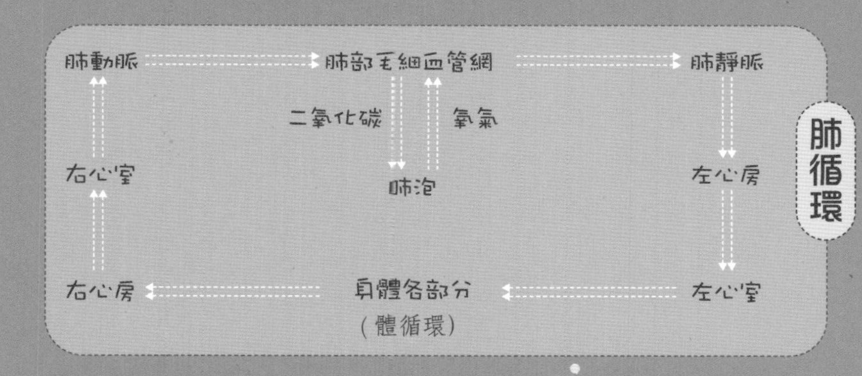

① 收集上半身的靜脈血回右心房
② 人體最大的靜脈幹
③ 流淌富含二氧化碳的靜脈血
④ 人體最粗大的動脈血管
⑤ 連接肺與左心房的大靜脈血管

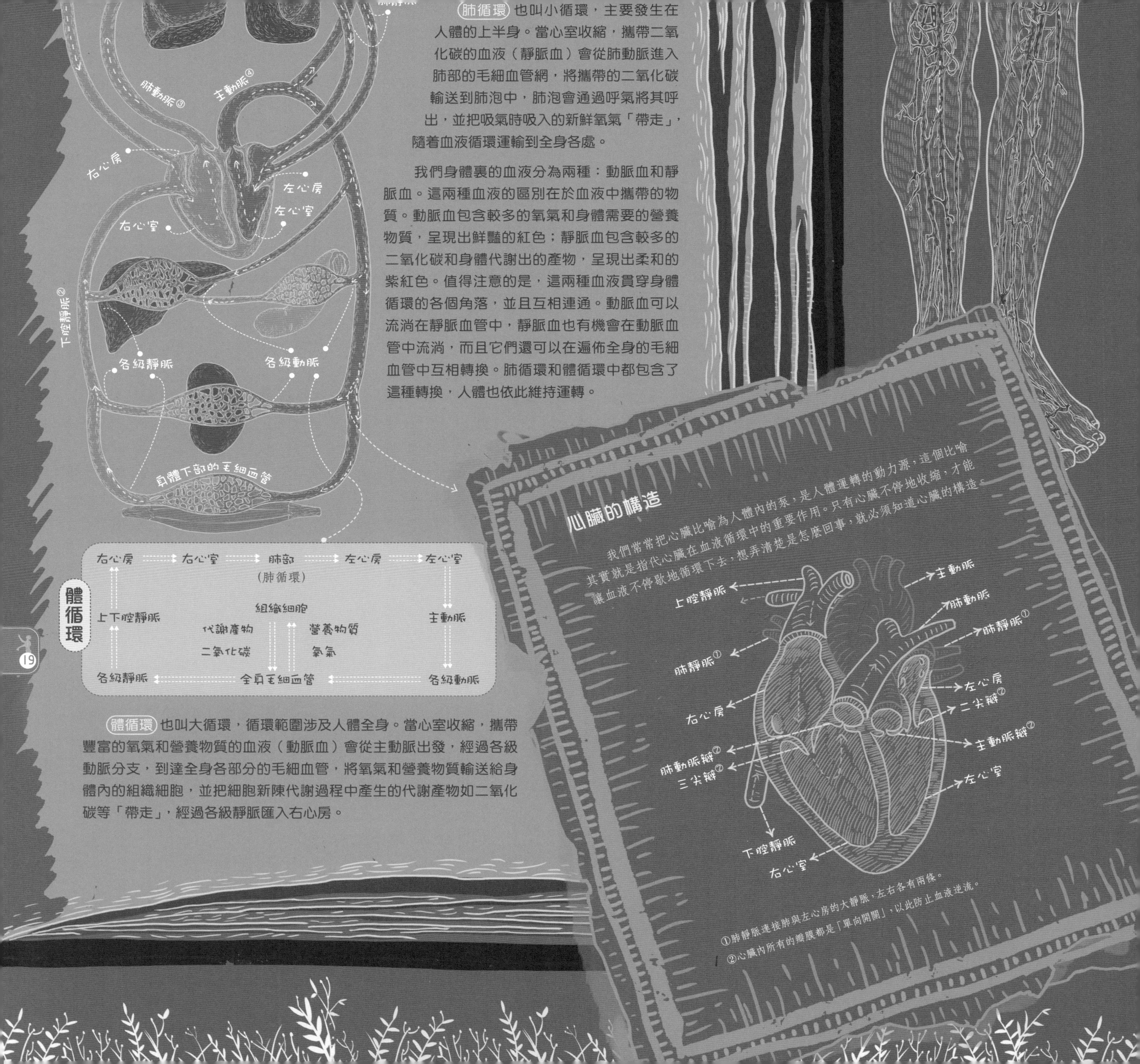

肺循環 也叫小循環，主要發生在人體的上半身。當心室收縮，攜帶二氧化碳的血液（靜脈血）會從肺動脈進入肺部的毛細血管網，將攜帶的二氧化碳輸送到肺泡中，肺泡會通過呼氣將其呼出，並把吸氣時吸入的新鮮氧氣「帶走」，隨着血液循環運輸到全身各處。

我們身體裏的血液分為兩種：動脈血和靜脈血。這兩種血液的區別在於血液中攜帶的物質。動脈血包含較多的氧氣和身體需要的營養物質，呈現出鮮豔的紅色；靜脈血包含較多的二氧化碳和身體代謝出的產物，呈現出柔和的紫紅色。值得注意的是，這兩種血液貫穿身體循環的各個角落，並且互相連通。動脈血可以流淌在靜脈血管中，靜脈血也有機會在動脈血管中流淌，而且它們還可以在遍佈全身的毛細血管中互相轉換。肺循環和體循環中都包含了這種轉換，人體也依此維持運轉。

體循環 也叫大循環，循環範圍涉及人體全身。當心室收縮，攜帶豐富的氧氣和營養物質的血液（動脈血）會從主動脈出發，經過各級動脈分支，到達全身各部分的毛細血管，將氧氣和營養物質輸送給身體內的組織細胞，並把細胞新陳代謝過程中產生的代謝產物如二氧化碳等「帶走」，經過各級靜脈匯入右心房。

心臟的構造

我們常常把心臟比喻為人體內的泵，是人體運轉的動力源，這個比喻其實就是指代心臟在血液循環中的重要作用。只有心臟不停地收縮，才能讓血液不停歇地循環下去，想弄清楚是怎麼回事，就必須知道心臟的構造。

①肺靜脈連接肺與左心房的大靜脈，左右各有兩條。
②心臟內所有的瓣膜都是「單向開關」，以此防止血液逆流。

從煉金術到化學

在科學發展的過程中，經常會出現一些錯誤觀點，而後隨着科學家的繼續努力，用實驗推翻錯誤觀點，不斷地糾錯，最後才使科學步入正軌。在物理學、天文學和生物學都有所突破之後，化學依然被錯誤的「燃素說」束縛着，甚至還有很多人堅信自己能把其他金屬煉成黃金，這些人被稱為「煉金術士」。

我一定能煉出黃金！

當時的人們對化學沒有概念，只是在煉金術和日常生活經驗中對燃燒和水有了一定的認知。當時的人們認為，燃燒的關鍵物質是存在於萬物中的「燃素」，當物體燃燒時，就會消耗或釋放燃素，所以燃燒後的物體重量都比燃燒前的物體重量要輕。這個理論就是「燃素說」，是當時人們普遍相信的理論。

但是有一個人不相信「燃素說」，並且通過實驗推翻了它，提出了自己的理論，他就是拉瓦錫。

姓名	安托萬-洛朗·德·拉瓦錫
性別	男
生卒年	1743－1794
國籍	法國
主要成就	近代化學的奠基人

拉瓦錫不相信「燃素說」，是因為「燃素說」無法清晰地解釋金屬燃燒後反而變重的問題。為了尋求正確答案，拉瓦錫接連做了一系列實驗，觀察各種物體燃燒前後的變化。拉瓦錫發現，燃燒後的金屬確實變重了，但是如果把實驗器材整體稱重，得到的重量卻和燃燒之前相同，所以其中必然有一種物體被消耗掉了。當拉瓦錫打開裝空氣的容器時，發現立刻有外界空氣衝了進去，再次稱重結果則比之前要重。這證明，燃燒所消耗的不是所謂的燃素，而是空氣中的某種氣體。通過這個實驗，拉瓦錫徹底推翻了「燃素說」。

好喝！
曲頸瓶彎曲的瓶頸將實驗材料與外界隔絕。
拉瓦錫將這些汞連續加熱了十二天，生成了紫色的氧化汞。
汞的燃燒消耗了鐘罩內空氣裏的氧氣。
水使玻璃鐘罩成為封閉空間，保證鐘罩內不再進入其他空氣。
汞燃燒後生成了一種紫色的物質，其質量並沒有減少，反而是鐘罩內的空氣變少了，這說明燃燒消耗的不是物體本身的燃素，而是空氣中的某種氣體。

有一天，一位叫作普利斯特里的英國科學家來拜訪拉瓦錫。他說自己從實驗中分離出了一種有趣的氣體，這種氣體可以使蠟燭燃燒得更旺，也可以使自己感覺呼吸更輕鬆，但是他不明白這是怎麼回事。拉瓦錫聽完他的話後陷入沉思，他突然意識到普利斯特里其實是將空氣中支持燃燒的氣體分離出來了！五年後，拉瓦錫宣佈：空氣由兩種氣體構成，一種支持燃燒，另一種不支持燃燒，同時，他將支持燃燒的氣體稱為氧氣，這就是氧氣名稱的來源。

除了拉瓦錫，這一時期也有其他科學家在空氣研究中取得了進展，其中最有趣的當屬有關二氧化碳的研究。在其他科學家發現二氧化碳之後，曾經發現氧氣的普利斯特里又發現，當二氧化碳與水混合時，會產生一種令人愉悅的泡沫飲料，這正是我們現在常喝的蘇打水。當然，有氣泡的碳酸飲料也是從這裏找到的靈感。

元素有規律

拉瓦錫雖然打開了化學的大門，但是之後的很長一段時間，化學仍然停滯在拉瓦錫的輝煌時期，並沒有突破性的進展，直到有人發現了元素週期律，並最終編成了世界上第一張化學元素週期表。

Reihen	Gruppo I. — R'0	Gruppo II. — R0	Gruppo III. — R'0'	Gruppo IV. RH' R0'	Gruppo V. HH' R'0'	Gruppo VI. RH' R0'	Gruppo VII. RH R'0'	Gruppo VIII. — R0'
1	H=1							
2	Li=7	Be=9.4	B=11	C=12	N=14	O=16	F=19	
3	Na=28	Mg=24	Al=27,8	Bl=28	P=31	S=32	Cl=35.5	
4	K=39	Ca=40	—=44	Ti=48	V=51	Cr=69	Mn=66	Fo=66, Co=69, Ni=69, Cu=69.
5	(Ca=63)	Zn=65	—=68	—=72	As=75	So=78	Hr=80	
6	Rb=86	Br=87	Yl=88	Zr=90	Nb=94	Ma=98	—=100	Ra=104, Rh=104 Pd=106 Ag=108
7	(Ag=108)	Cd=112	In=113	Sn=118	8b=122	To=125	J=127	
8	Co=133	8a=137	Di=188	Co=140	—	—	—	— — — —
9	(—)	—	—	—	—	—	—	
10	—	—	Br=178	La=180	Tn=182	W=184	—	Og=196, Ir=197, Pt=198 Au=199.
11	(Aγ=199)	Hg=200	Tl=204	Fb=20	Bi=209	—	—	
12	—	—	—	Th=231	—	U=240	—	— — — —

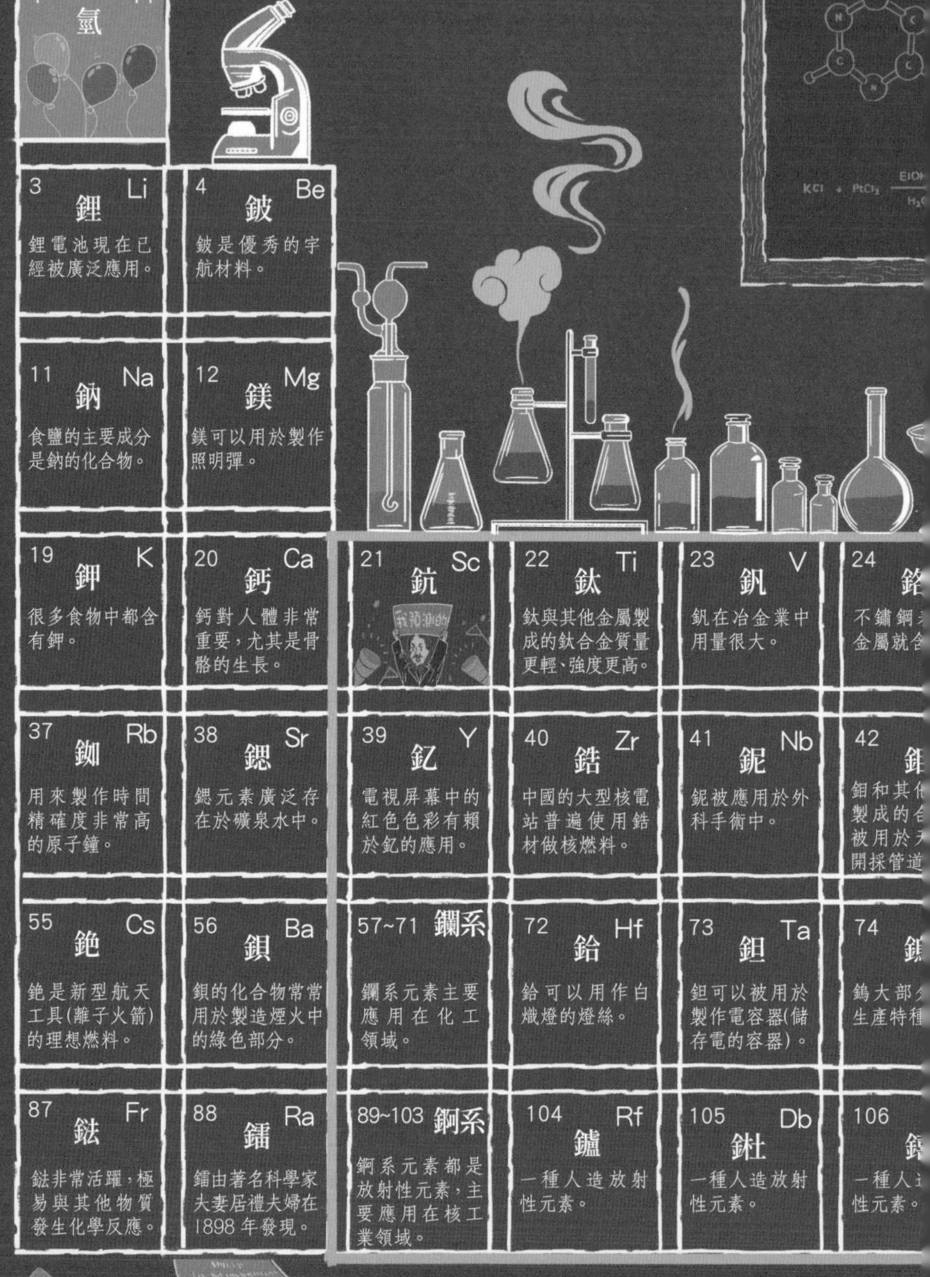

1 H 氫
3 Li 鋰
鋰電池現在已經被廣泛應用。
4 Be 鈹
鈹是優秀的宇航材料。
11 Na 鈉
食鹽的主要成分是鈉的化合物。
12 Mg 鎂
鎂可以用於製作照明彈。
19 K 鉀
很多食物中都含有鉀。
20 Ca 鈣
鈣對人體非常重要，尤其是骨骼的生長。
21 Sc 鈧
22 Ti 鈦
鈦與其他金屬製成的鈦合金質量更輕、強度更高。
23 V 釩
釩在冶金業中用量很大。
37 Rb 銣
用來製作時間精確度非常高的原子鐘。
38 Sr 鍶
鍶元素廣泛存在於礦泉水中。
39 Y 釔
電視屏幕中的紅色色彩有賴於釔的應用。
40 Zr 鋯
中國的大型核電站普遍使用鋯材做核燃料。
41 Nb 鈮
鈮被應用於外科手術中。
55 Cs 銫
銫是新型航天工具(離子火箭)的理想燃料。
56 Ba 鋇
鋇的化合物常常用於製造煙火中的綠色部分。
57~71 鑭系
鑭系元素主要應用在化工領域。
72 Hf 鉿
鉿可以用作白熾燈的燈絲。
73 Ta 鉭
鉭可以被用於製作電容器(儲存電的容器)。
87 Fr 鍅
鍅非常活躍，極易與其他物質發生化學反應。
88 Ra 鐳
鐳由著名科學家夫妻居禮夫婦在1898年發現。
89~103 錒系
錒系元素都是放射性元素，主要應用在核工業領域。
104 Rf 鑪
一種人造放射性元素。
105 Db 𨧀
一種人造放射性元素。

第一張(元素週期表)由俄羅斯科學家門捷列夫編成。雖然這張表中的元素只有 60 多種，但是門捷列夫已經根據元素週期律（元素性質的週期性規律）預測出了一些當時還沒被發現的元素及其特性，並且都在後世的科學發展過程中得到了驗證。

姓名	德米特里·門捷列夫
性別	男
生卒年	1834－1907
國籍	俄羅斯
主要成就	發明元素週期表

從門捷列夫寫出的第一張元素週期表到現代包含一百多種元素的元素週期表之間，還有各國科學家在不懈努力，不斷地將其發展和完善，不僅增加了元素的種類，而且還描畫出更加精彩好玩的元素週期表，比如下面這三張：

鑭系

錒系

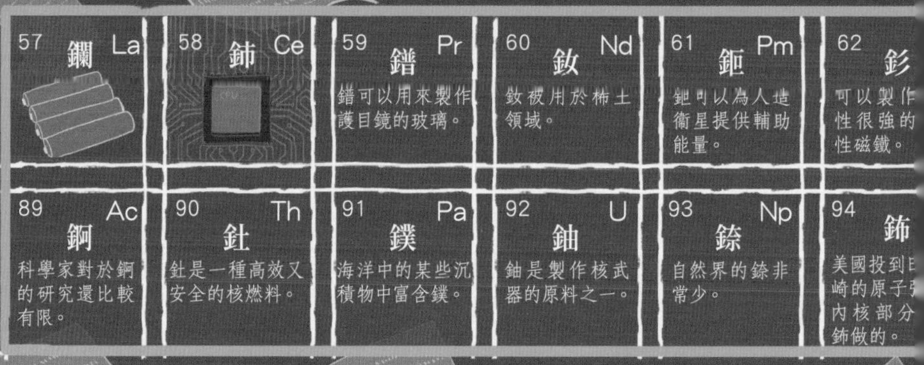

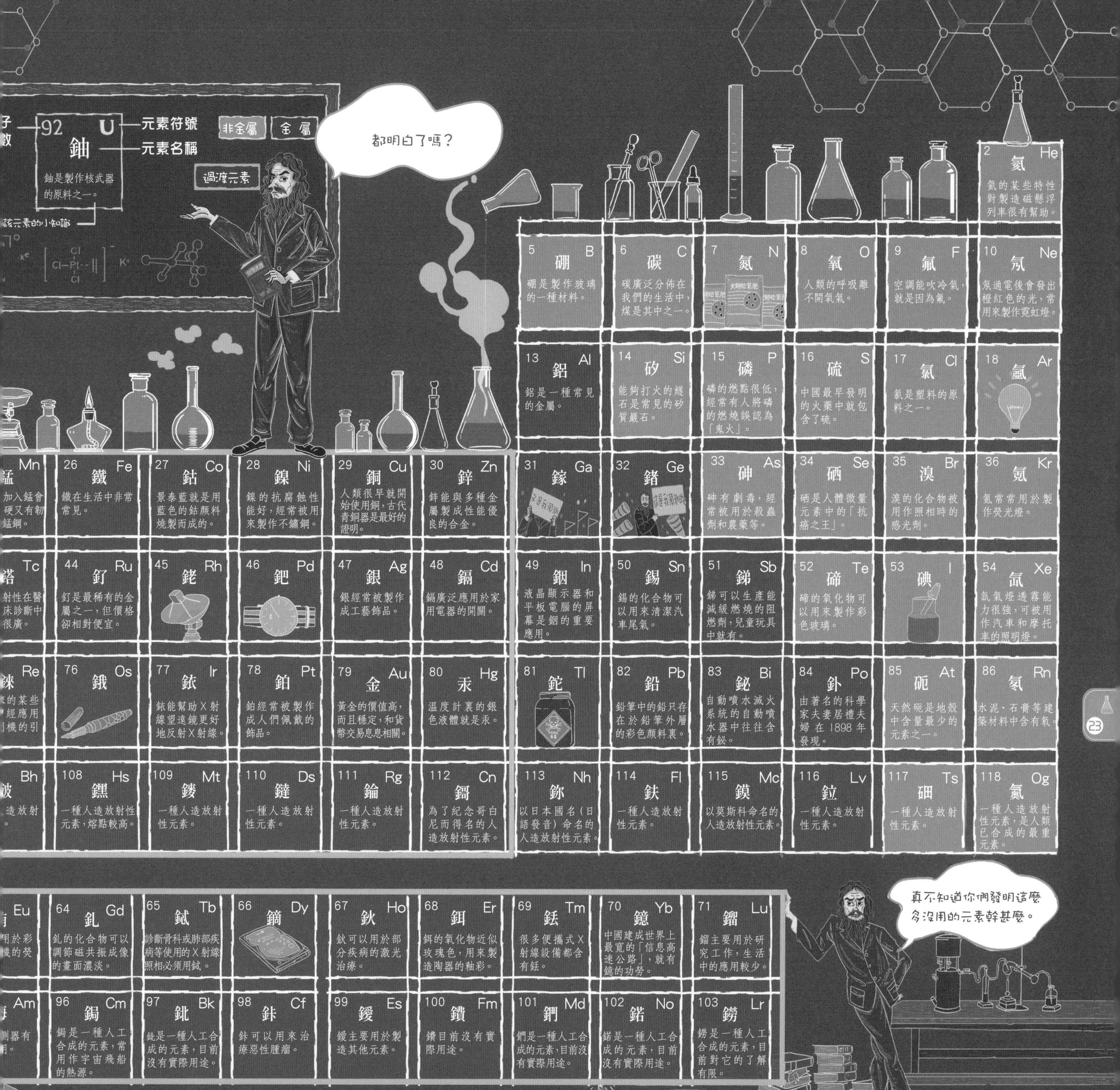

92 U 鈾
元素符號
元素名稱
鈾是製作核武器的原料之一。
該元素的小知識
非金屬
金屬
過渡元素
都明白了嗎？
2 He 氦 氦的某些特性對製造磁懸浮列車很有幫助。
5 B 硼 硼是製作玻璃的一種材料。
6 C 碳 碳廣泛分佈在我們的生活中，煤是其中之一。
7 N 氮
8 O 氧 人類的呼吸離不開氧氣。
9 F 氟 空調能吹冷氣，就是因為氟。
10 Ne 氖 氖通電後會發出橙紅色的光，常用來製作霓虹燈。
13 Al 鋁 鋁是一種常見的金屬。
14 Si 矽 能夠打火的燧石是常見的矽質巖石。
15 P 磷 磷的燃點很低，經常有人將磷的燃燒誤認為「鬼火」。
16 S 硫 中國最早發明的火藥中就包含了硫。
17 Cl 氯 氯是塑料的原料之一。
18 Ar 氬
26 Fe 鐵 鐵在生活中非常常見。
27 Co 鈷 景泰藍就是用藍色的鈷顏料燒製而成的。
28 Ni 鎳 鎳的抗腐蝕性能好，經常被用來製作不鏽鋼。
29 Cu 銅 人類很早就開始使用銅，古代青銅器是最好的證明。
30 Zn 鋅 鋅能與多種金屬製成性能優良的合金。
31 Ga 鎵
32 Ge 鍺
33 As 砷 砷有劇毒，經常被用於殺蟲劑和農藥等。
34 Se 硒 硒是人體微量元素中的「抗癌之王」。
35 Br 溴 溴的化合物被用作照相時的感光劑。
36 Kr 氪 氪常常用於製作發光燈。
44 Ru 釕 釕是最稀有的金屬之一，但價格卻相對便宜。
45 Rh 銠
46 Pd 鈀
47 Ag 銀 銀經常被製作成工藝飾品。
48 Cd 鎘 鎘廣泛應用於家用電器的開關。
49 In 銦 液晶顯示器和平板電腦的屏幕是銦的重要應用。
50 Sn 錫 錫的化合物可以用來清潔汽車尾氣。
51 Sb 銻 銻可以生產能減緩燃燒的阻燃劑，兒童玩具中就有。
52 Te 碲 碲的氧化物可以用來製作彩色玻璃。
53 I 碘
54 Xe 氙 氙氣燈透霧能力很強，可被用作汽車和摩托車的照明燈。
76 Os 鋨
77 Ir 銥 銥能幫助X射線望遠鏡更好地反射X射線。
78 Pt 鉑 鉑經常被製作成人們佩戴的飾品。
79 Au 金 黃金的價值高，而且穩定，和貨幣交易息息相關。
80 Hg 汞 溫度計裏的銀色液體就是汞。
81 Tl 鉈
82 Pb 鉛 鉛筆中的鉛只存在於鉛筆外層的彩色顏料裏。
83 Bi 鉍 自動噴水滅火系統的自動噴水器中往往含有鉍。
84 Po 釙 由著名的科學家夫妻居禮夫婦在1898年發現。
85 At 砈 天然砈是地殼中含量最少的元素之一。
86 Rn 氡 水泥、石膏等建築材料中含有氡。
108 Hs 𨭆 一種人造放射性元素，熔點較高。
109 Mt 䥑 一種人造放射性元素。
110 Ds 鐽 一種人造放射性元素。
111 Rg 錀 一種人造放射性元素。
112 Cn 鎶 為了紀念哥白尼而得名的人造放射性元素。
113 Nh 鉨 以日本國名（日語發音）命名的人造放射性元素。
114 Fl 鈇 一種人造放射性元素。
115 Mc 鏌 以莫斯科命名的人造放射性元素。
116 Lv 鉝 一種人造放射性元素。
117 Ts 鿬 一種人造放射性元素。
118 Og 鿫 一種人造放射性元素，是人類已合成的最重元素。
64 Gd 釓 釓的化合物可以調節磁共振成像的畫面濃淡。
65 Tb 鋱 診斷骨科或肺部疾病等使用的X射線照相必須用鋱。
66 Dy 鏑
67 Ho 鈥 鈥可以用於部分疾病的激光治療。
68 Er 鉺 鉺的氧化物近似玫瑰色，用來製造陶器的釉彩。
69 Tm 銩 很多便攜式X射線設備都含有銩。
70 Yb 鐿 中國建成世界上最寬的「信息高速公路」，就有鐿的功勞。
71 Lu 鑥 鑥主要用於研究工作，生活中的應用較少。
96 Cm 鋦 鋦是一種人工合成的元素，常用作宇宙飛船的熱源。
97 Bk 錇 錇是一種人工合成的元素，目前沒有實際用途。
98 Cf 鉲 鉲可以用來治療惡性腫瘤。
99 Es 鑀 鑀主要用於製造其他元素。
100 Fm 鐨 鐨目前沒有實際用途。
101 Md 鍆 鍆是一種人工合成的元素，目前沒有實際用途。
102 No 鍩 鍩是一種人工合成的元素，目前沒有實際用途。
103 Lr 鐒 鐒是一種人工合成的元素，目前對它的了解有限。
真不知道你們發明這麼多沒用的元素幹甚麼。

來自「爆炸」的諾貝爾

化學實驗總是非常神奇，有的能使火焰瞬間燃燒，有的能讓物質改變顏色。所以，在很長一段時間裏，人們常常把化學實驗當成是魔法表演——畢竟，雖然有人發現了各種元素，還有甚麼元素週期表，但是對人們的生活沒有產生甚麼實質的影響啊！實際上，當時的人們真的低估了化學，因為已經有人證明了這門學科不僅能給生活帶來巨大的影響，而且擁有難以想象的能量！

我可不是在表演魔法！

諾貝爾是瑞典著名的發明家，他一生擁有 355 項專利發明，在 20 多個國家開設了大約 100 家公司和工廠，元素週期表中的鍩元素就是為了紀念諾貝爾而命名的。不過，要說起諾貝爾最成功、最為人所知的發明，那就非炸藥莫屬了。

諾貝爾首先研製出的炸藥是硝化甘油，這種液體甚至會因為震動而爆炸，因為太危險了，所以並不實用。諾貝爾發現，將某些物質加入硝化甘油中，會使硝化甘油變得穩定，但這樣一來，如何引爆又成了難題，直到 1865 年，諾貝爾發明了雷管。雷管是一種用於起爆的裝置，將穩定的炸藥放到雷管中，在需要引爆的時候再去刺激雷管就可以了。於是，諾貝爾終於發明了有實用價值的炸藥！

炸藥其實是一種化合物，可以在非常短的時間內劇烈地燃燒、膨脹，這也就形成了我們所知的爆炸。為了研製出高效的炸藥，人們一直在調整炸藥中的各種物質及其用量，但每次調整都需要通過炸藥實際爆炸的效果來檢驗成果，而且製作炸藥的化合物大多易燃易爆，稍有不慎就可能引起爆炸，所以研製炸藥是一項非常危險的工作，諾貝爾就遭遇過炸藥工廠爆炸的事。

取得炸藥的專利之後，諾貝爾並沒有停下腳步，他在歐洲各地開設了諾貝爾公司，經營炸藥事業，同時不斷地研究新炸藥、開拓新事業，最終積累了巨額的財富。

中國古代著名的四大發明之一——火藥，早在唐朝時期就已經被用於軍事，被看作是世界上最早的炸藥。與硝化甘油不同，火藥是一種黑色炸藥，只能由火花、火焰等引爆，主要用作炮彈、火箭（燃燒的弓箭）等作戰工具。除此之外，中國人還發現了火藥的另一種玩法，那就是煙花。

哇！煙花好漂亮！
好險！

1895 年，諾貝爾立下遺囑，將他遺產的大部分（大約 920 萬美元）作為基金，把這筆錢每年所得的利息或者投資的收益分成五份，分別授予世界各國在物理、化學、生理學或醫學、文學以及和平五個領域有突出貢獻的人，這就是我們現在熟知的諾貝爾獎。經過長久的歷史沉澱，現在在世界範圍內，諾貝爾獎通常被認為是這五個領域內最重要的獎項。

現在的諾貝爾獎共有六個獎項，分別為：諾貝爾物理學獎、諾貝爾化學獎、諾貝爾生理學或醫學獎、諾貝爾文學獎、諾貝爾和平獎和諾貝爾經濟學獎。其中，前五個獎項是諾貝爾在遺囑中設立的，最後的經濟學獎是瑞典國家銀行在 1968 年增加的獎項。

諾貝爾獎的獲獎難度非常高，但世界各國的傑出人士也相當多。幾百年來，有很多人都獲得了諾貝爾獎，甚至有的人還獲得了兩次！一起來看看都有哪些人兩次獲得了諾貝爾獎吧！

姓名	萊納斯·卡爾·鮑林
性別	男
生卒年	1901－1994
國籍	美國
獲獎原因	有關化學鍵的研究，獲諾貝爾化學獎；反對核武器在地面測試，獲諾貝爾和平獎

姓名	瑪麗·居禮（居禮夫人）
性別	女
生卒年	1867－1934
國籍	法國
獲獎原因	發現放射性現象與釙元素，獲諾貝爾物理學獎；提煉出鐳，獲諾貝爾化學獎

姓名	約翰·巴丁
性別	男
生卒年	1908－1991
國籍	美國
獲獎原因	發現晶體管效應，獲諾貝爾物理學獎；建立超導 BCS 理論，獲諾貝爾物理學獎

姓名	弗雷德里克·桑格
性別	男
生卒年	1918－2013
國籍	英國
獲獎原因	完整定序了胰島素的氨基酸序列，獲諾貝爾化學獎；提出快速測定 DNA 序列的「桑格法」，獲諾貝爾化學獎

揭祕地層

我們經常會思考，人類究竟從哪兒來？值得高興的是，科學家們也很關心這個問題，他們想從人類和動物身上找出蛛絲馬跡，可努力了幾百年也沒能得到答案。其實，這個答案應該從我們腳下來找！

1669年，丹麥科學家斯坦諾在野外觀察中發現一個現象：年代比較新的地層會疊覆在年代比較老的地層上面。根據此發現，斯坦諾進而提出了著名的地層層序律。我們可以把地球看作一個「千層餅」，這個「千層餅」的製作經過了很長時間，先做第一層，再做第二層疊上去，再做第三層疊上去……以此類推，最後就形成了層層疊加的「千層餅」，其中的每一層都是一個地層。

姓名	尼古拉斯·斯坦諾
性別	男
生卒年	1638－1686
國籍	丹麥
主要成就	提出地層層序律

地層層序律證明了地層的順序，肯定了地層的價值，但是想要通過地層研究人類的起源，還需要別的體系。有位叫威廉．史密斯的英國科學家，也經常在野外測量和調查，他不僅發現了地層結構的規律，而且發現每一層都含有獨特的化石，於是提出了可以通過地層中所含化石來鑒定地層年代的方法，因此被譽為「地層學之父」。

姓名	威廉·史密斯
性別	男
生卒年	1769－1839
國籍	英國
主要成就	提出用生物化石鑒定地層年代

今天
160萬年前
出現人類。
哺乳動物和被子植物高度發展。
2300萬年前
現代生物一一出現。
6500萬年前
小行星撞擊地球引發第五次生物大滅絕。
恐龍體型越來越大。
1.35億年前
恐龍繁盛的時代。
2.05億年前
隕石撞擊地球引發第四次生物大滅絕
出現早期哺乳動物。
出現恐龍。
早期爬行動物繁盛的時代。
2.5億年前
多顆隕石撞擊地球引發第三次生物大滅絕。
爬行動物開始發展。
兩棲動物繁盛的時代。
第四紀
新近紀
古近紀
白堊紀
侏羅紀
三疊紀
二疊紀
新生代
中生代
顯生宙

然而，斯坦諾和史密斯的方法都是只能看出哪個地層在前，哪個地層在後，無法準確地計算地層所處的具體時間，這時候就要用到化學知識了。科學家們發現，某些化學元素會隨着時間的推移逐漸發生改變，我們將這個過程稱為「衰變」。科學家們可以通過測量地層中某些元素的衰變情況，來確定這個地層形成的準確時間，我們把這種方法叫作同位素定年法。

後世的科學家們在前人的基礎上不斷努力，最終確定了我們現在所知的地質年代。按照時間的先後順序，我們將地質年代按照時間表述為：宙、代、紀、世等。具體是怎麼回事呢？一起到地層中尋找答案吧！

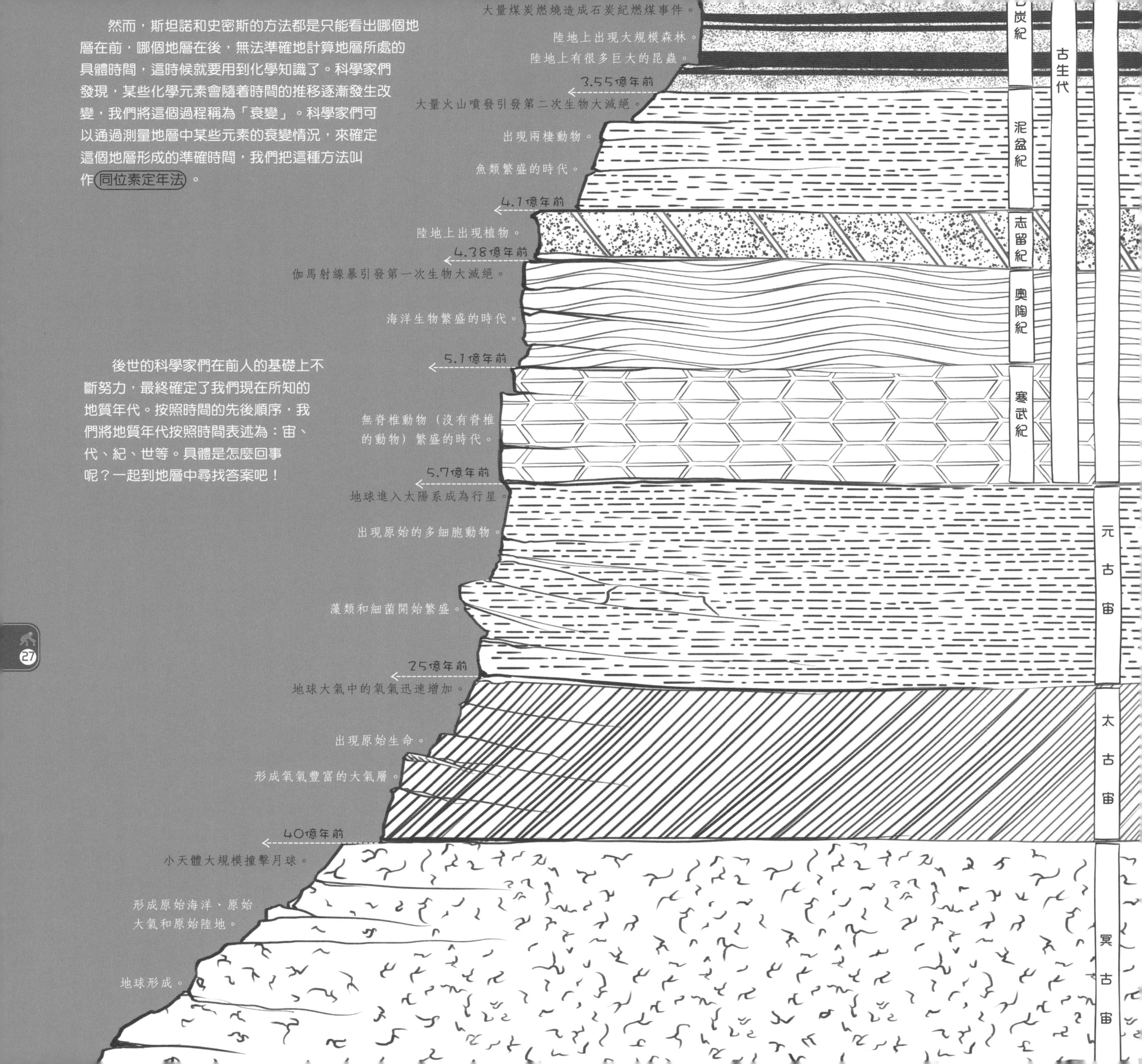

大量煤炭燃燒造成石炭紀燃煤事件。
陸地上出現大規模森林。
陸地上有很多巨大的昆蟲。
3.55億年前
大量火山噴發引發第二次生物大滅絕。
出現兩棲動物。
魚類繁盛的時代。
4.1億年前
陸地上出現植物。
4.38億年前
伽馬射線暴引發第一次生物大滅絕。
海洋生物繁盛的時代。
5.1億年前
無脊椎動物（沒有脊椎的動物）繁盛的時代。
5.7億年前
地球進入太陽系成為行星。
出現原始的多細胞動物。
藻類和細菌開始繁盛。
25億年前
地球大氣中的氧氣迅速增加。
出現原始生命。
形成氧氣豐富的大氣層。
40億年前
小天體大規模撞擊月球。
形成原始海洋、原始大氣和原始陸地。
地球形成。
石炭紀
泥盆紀
志留紀
奧陶紀
寒武紀
古生代
元古宙
太古宙
冥古宙

為大自然分類

18 世紀以前，自然界的各種植物和動物在不同的地方也許會有不同的名字。面對眼前的小動物，現在的你能毫不猶豫地說出牠是甚麼，而在 18 世紀以前，你可能需要好好思索一番。幸運的是，分類學家林奈為我們解決了這個難題，他發明的分類方法非常好用，以至於我們現在仍在沿用。

姓　名：卡爾·馮·林奈
性　別：男
生卒年：1707－1778
國　籍：瑞典
主要成就：開創生物學新的分類系統

林奈分類時只有一個原則，那就是實用又方便，由於當時使用拉丁文為國際通用語言，所以林奈都是以拉丁文命名的，這個傳統一直延續到了現代。

林奈創立了雙名法的命名方法，用種名加屬名來為動植物命名，這樣不僅避免了同一物種在不同語言中有不同名稱的尷尬，也方便翻譯。這種命名法在植物學、動物學和細菌學領域都有廣泛的應用。

林奈根據生物的不同特性將其歸類，把自己的分類體系分為幾個層次：界、門、綱、目、科、屬、種。這種分類體系也一直延續到了現代。

植物界
一般不會移動，能自己將無機物合成有機物來維持生存。

地衣門
藻類與菌類共同生活組成的複合植物。

苔蘚植物門
最低等的高等植物。

蕨類植物門
一種古老的植物。

裸子植物門
種子裸露在外。

被子植物門
種子外層被果實包裹。

藻類植物
比較原始的低等植物，包含綠藻門等十門。

原核生物界
最低級、最簡單的生物。

原生生物界
最簡單的有細胞核的生物。

真菌界
無法自己合成營養物質，只能通過從其他生物身上攝取來維持生命。

動物界
能夠移動，不能直接把無機物合成有機物，必須通過進食有機物來維持生存的生物。動物有感覺、有神經、能運動。

其他動物
包含腕足動物門等三十三門。

棘皮動物門
表皮粗糙，有許多突出的棘或刺。

多孔動物門
身體上有許多小孔或管道。

刺胞動物門
身體上有一種獨特的刺細胞。

扁形動物門
體形大多是扁的。

線形動物門
體形大多是像線一樣的長圓柱形。

環節動物門
身體有明顯的環形分節，比如常見的蚯蚓。

軟體動物門
體內沒有真正的骨骼，身體柔軟但不分節。

節肢動物門
身體分為頭、胸、腹三部分，並有堅硬的外骨骼。

脊索動物門
擁有脊索（身體背部起支撐作用的圓柱形結構）的動物就是脊索動物。

頭索動物亞門
沒有頭的魚形脊索動物，也叫「無頭動物」。

尾索動物亞門
尾巴上有脊索結構，但部分尾索動物成年後尾部會消失。

脊椎動物亞門
有脊椎骨的動物。

圓口綱
沒有鱗片、沒有對稱的鰭、沒有頜骨、大多寄生的長條魚形動物。

魚綱
體表有鱗片、用鰓呼吸、用鰭運動、長有頜骨的脊椎動物。

兩棲綱
能在水中生活，也能在地面生活。

爬行綱
完全適應陸地生活的變溫脊椎動物。

鳥綱
長有羽毛、大多可以飛翔。

哺乳綱
身體披毛、胎生哺乳的恒溫脊椎動物。

單孔目
全身只有一個總排出孔，不分尿道、肛門等。

有袋目
有育兒袋。

食蟲目
吃蟲子的小型動物。

皮翼目
體側有又大又薄的滑翔膜。

翼手目
俗稱「蝙蝠」，有可以飛行的皮質膜。

帶甲目
目前只有犰狳一科。

披毛目
沒有牙齒、身上披毛。

食肉目
我們常說的「猛獸」。

鯨目
所有鯨類，包括海豚。

海牛目
食草的海洋哺乳動物。

長鼻目
擁有很長的鼻子。

奇蹄目
腳趾數量大多為奇數。

蹄兔目
體形像兔，腳上有蹄。

管齒目
牙齒是管狀的。

偶蹄目
腳趾數量大多為偶數。

鱗甲目
體外覆蓋着角質鱗甲。

嚙齒目
有大門牙的小動物。

兔形目
外表像兔子的食草動物。

鰭腳目
四肢像鰭。

鼠狐猴科

狐猴科

嬉猴科

大狐猴科

指猴科

嬰猴科

懶猴科

眼鏡猴科

捲尾猴科

夜猴科

僧面猴科

蛛猴科

猴科

長臂猿科

靈長目

靈長目是動物界最高等的類群。

人科

經常性直立行走，是人科動物的一個重要特徵。

猩猩屬

大猩猩屬

黑猩猩屬

人屬

人屬曾有 14 個種，其中 13 個種都滅絕了。

智人種

智人種是世界現存的唯一人種。

我們現在一般認為自然界分為原生生物界、原核生物界、真菌界、植物界和動物界五大界，但林奈本人其實不這麼認為。林奈當年根據生物是否可以運動只分出了兩個界：植物界和動物界。面對無所不有的大千世界，這樣的分類方式當然過於籠統和簡單了，所以後來的人們提出了第三個界——原生生物界，包含了細菌、真菌等。我們知道，真菌雖然不會移動，且看起來像植物，但它們無法自己製造有機物（植物可以自己製造有機物），只能從外界獲取。這種獲取營養的方式和動物很像，所以我們又把真菌單獨分為真菌界，成為四界系統。隨着技術的進步，顯微鏡的發展，人們能看到的細胞構造越來越清晰，我們發現，並不是所有的細胞都有細胞核，根據這一點，沒有細胞核的原核生物界誕生了，我們正式進入了五界分類系統時代。

生物分類有甚麼用？

生物分類是由生物本身的特徵和各個生物之間的相似程度作為依據的。面對大自然中成千上萬的生物，條理清晰的分類系統顯然可以讓我們第一時間「對號入座」，了解某個物種的特徵。而生物之間的相似性也可以讓我們搞清不同生物之間的親緣關係，對於研究生物的進化也有很大的幫助。

仔細看看這個分類系統，你能完整説出人類在分類系統中的位置嗎？

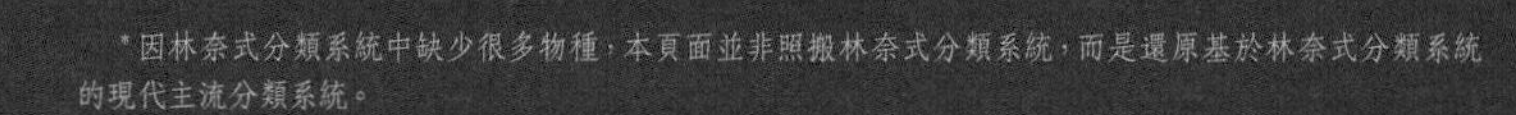
*因林奈式分類系統中缺少很多物種，本頁面並非照搬林奈式分類系統，而是還原基於林奈式分類系統的現代主流分類系統。

人類從哪兒來

關於「人類從哪兒來」這個問題，自古以來就有許多人不斷探求。很多人相信造物主從一開始就完美地規定了各個物種的結構和特性，並且永遠不會改變。但歷史上有幾位科學家在研究各種生物的時候，發現了一些常人難以察覺的「祕密」，他們將自己的所見所想公佈於眾，逐漸形成了廣為人知的進化圖譜。

姓名	尚-巴蒂斯特·拉馬克
性別	男
生卒年	1744－1829
國籍	法國
主要成就	提出生物進化學説

進化圖譜的形成得益於一代又一代科學家的努力，但有兩個人起了至關重要的作用，為進化圖譜建立了基本理論。其中一人是法國博物學家拉馬克。

拉馬克最傑出的貢獻在於，他提出了進化的觀念，把人們從「物種不變論」的束縛中解放出來，讓人們意識到進化發生的可能性。拉馬克的具體觀點可以總結為以下兩部分。

I. 用進廢退

拉馬克認為，生物產生變異的原因在於生物本身的需要。對於身體上的某些構造而言，經常使用會促使它進化，總是不用則會導致它退化，這就是用進廢退。比如長頸鹿為了吃到高處的樹葉而不斷伸長脖子，久而久之，長頸鹿的脖子就變長了。

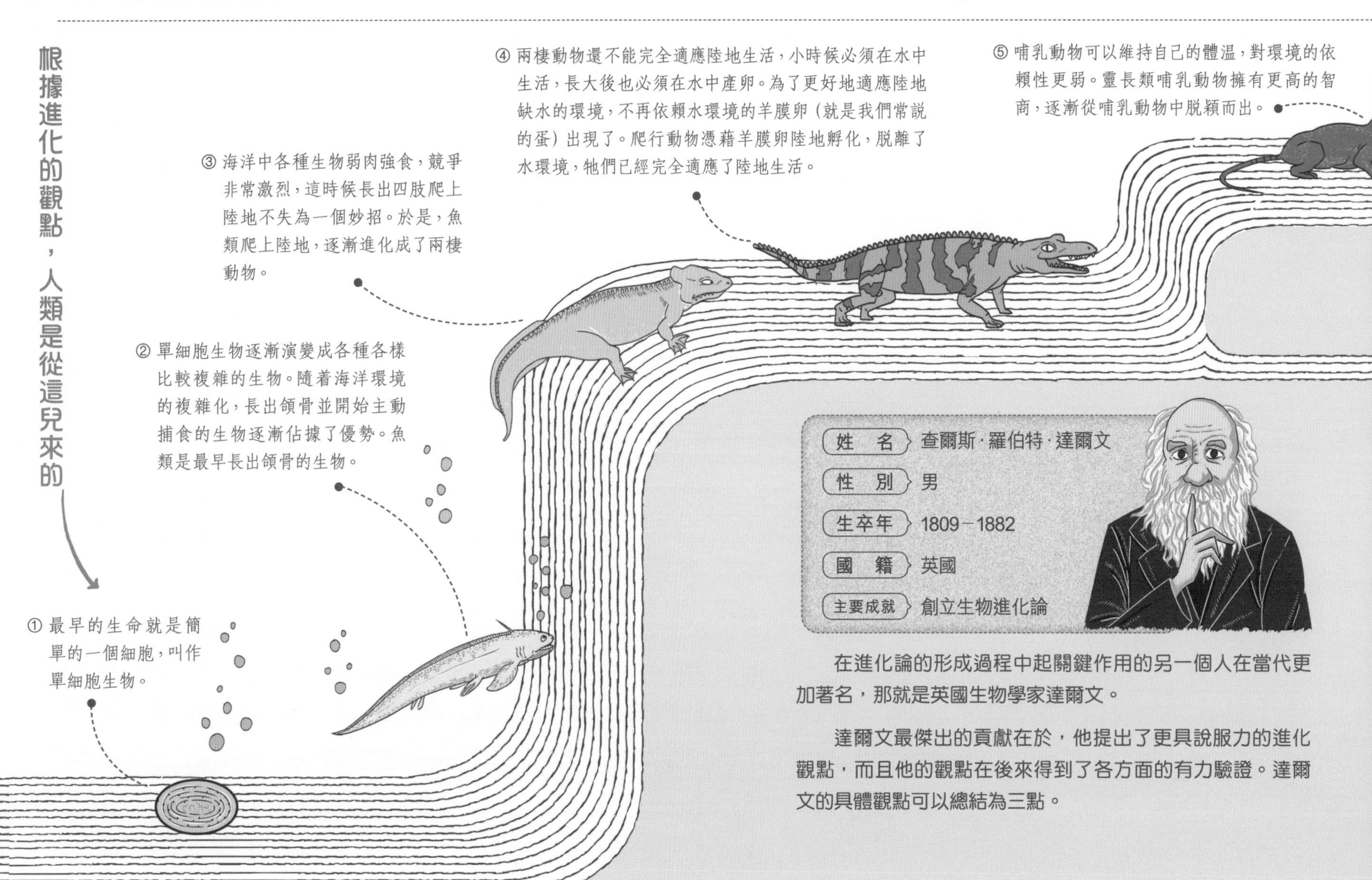

根據進化的觀點，人類是從這兒來的
① 最早的生命就是簡單的一個細胞，叫作單細胞生物。
② 單細胞生物逐漸演變成各種各樣比較複雜的生物。隨着海洋環境的複雜化，長出領骨並開始主動捕食的生物逐漸佔據了優勢。魚類是最早長出領骨的生物。
③ 海洋中各種生物弱肉強食，競爭非常激烈，這時候長出四肢爬上陸地不失為一個妙招。於是，魚類爬上陸地，逐漸進化成了兩棲動物。
④ 兩棲動物還不能完全適應陸地生活，小時候必須在水中生活，長大後也必須在水中產卵。為了更好地適應陸地缺水的環境，不再依賴水環境的羊膜卵（就是我們常説的蛋）出現了。爬行動物憑藉羊膜卵陸地孵化，脱離了水環境，牠們已經完全適應了陸地生活。
⑤ 哺乳動物可以維持自己的體温，對環境的依賴性更弱。靈長類哺乳動物擁有更高的智商，逐漸從哺乳動物中脱穎而出。

姓名	查爾斯·羅伯特·達爾文
性別	男
生卒年	1809－1882
國籍	英國
主要成就	創立生物進化論

在進化論的形成過程中起關鍵作用的另一個人在當代更加著名，那就是英國生物學家達爾文。

達爾文最傑出的貢獻在於，他提出了更具説服力的進化觀點，而且他的觀點在後來得到了各方面的有力驗證。達爾文的具體觀點可以總結為三點。

2. 獲得性遺傳

更重要的是，脖子變長的長頸鹿可以將長脖子的特徵遺傳給自己的下一代，所以長頸鹿的後代就都變成了真正的長脖子，這就是獲得性遺傳。

⑥ 猩猩是人類的直接祖先。

⑦ 當動物開始直立行走，並且學會製造和使用工具之後，就變成了人類。現在，人類在地球上佔據了絕對優勢。

一部分爬行動物進化成了恐龍，另一部分爬行動物進化成了哺乳動物。

因為小行星撞擊地球，導致幾乎所有的恐龍都滅絕了，但有少數殘存的小型恐龍進化成了鳥類。鳥類的羽毛源於恐龍。

1. 過度繁殖

達爾文認為，地球上的生物普遍具有很強的繁殖能力，在理想環境下，繁殖能力強的生物很快就會數量過剩。

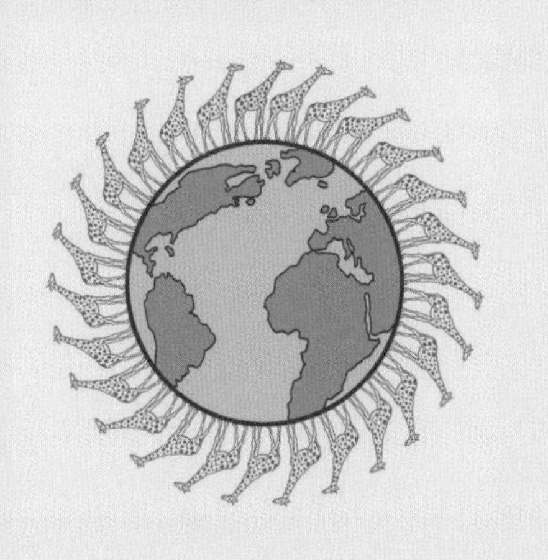

2. 適者生存

由於繁殖過度，即使是同一種生物也必須為了搶奪有限的資源而發生鬥爭，在鬥爭過程中，那些因為環境而產生有利變異的生物將獲得優勢。比如長頸鹿中本來有脖子較長的，也有脖子較短的，脖子較長的長頸鹿可以吃到高處更加鮮嫩多汁的樹葉，身體也更加強壯，在鬥爭中就更容易獲勝。獲勝後生存下來的長脖子長頸鹿贏得了繁殖後代的權利，而牠們的後代當然也都是長脖子。這樣一來，適應環境的生物生存下來，不適應者則被淘汰，這就是我們所說的適者生存。

3. 自然選擇

適者生存、不適者被淘汰，長此以往地進行下去，就是自然選擇的結果。值得注意的是，「適者」的變異不一定是最好的，但一定是最適合當時環境的。

蒸汽機運轉法則

有些人認為理論應該走在實踐前列，也就是說，在科技領域，應該先有科學理論，再發明出技術創造，但事實並非如此，甚至有很多科學理論都是基於已有的技術而得出的。我們都知道瓦特改良了蒸汽機，直接影響了人類發展的進程，帶領人類步入了蒸汽時代，但你知道嗎？蒸汽機其實也給科學家們帶去了很多靈感，讓他們發現了很多科學理論呢！

姓名 詹姆斯·瓦特
性別 男
生卒年 1736－1819
國籍 英國
主要成就 改良蒸汽機

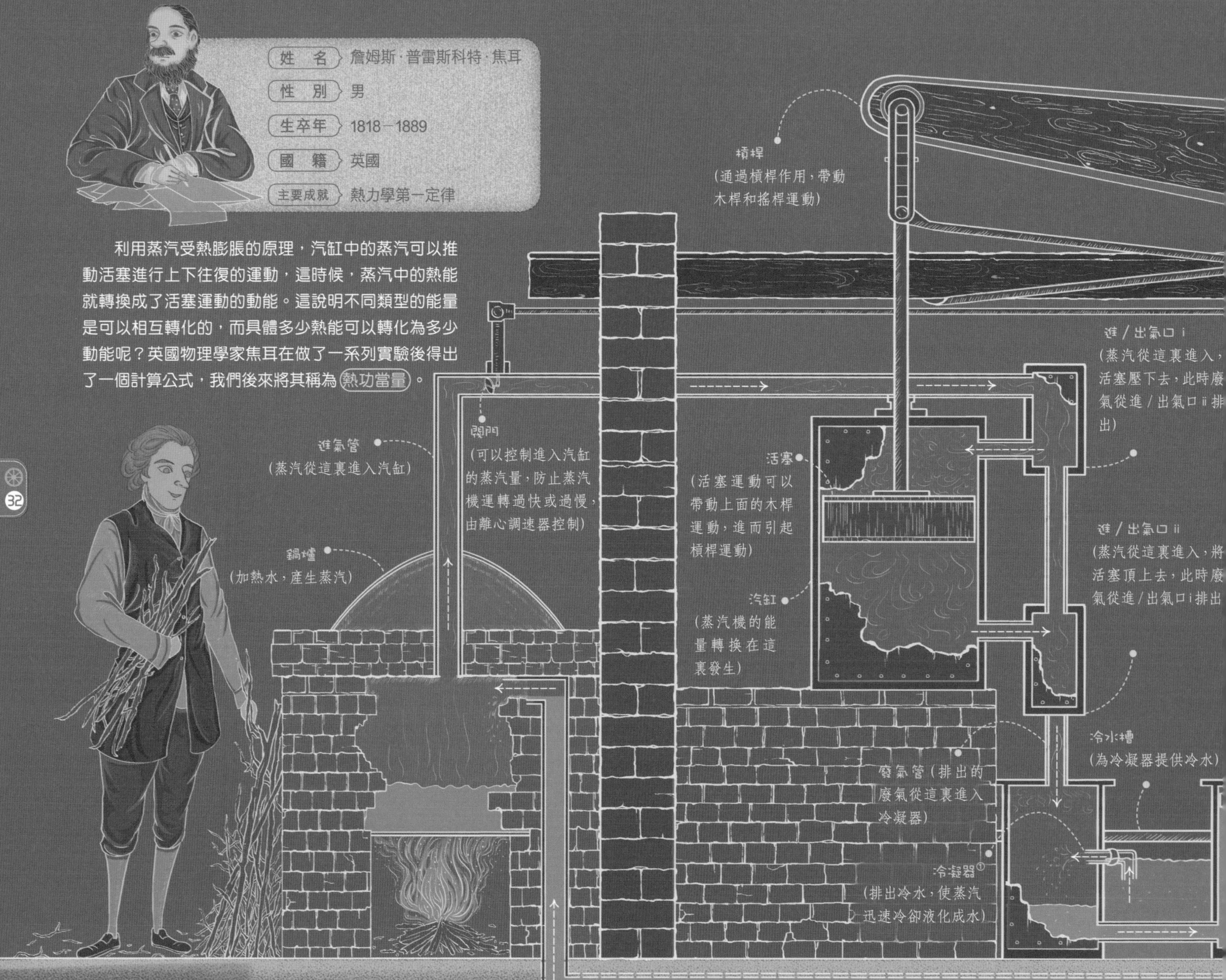

利用蒸汽受熱膨脹的原理，汽缸中的蒸汽可以推動活塞進行上下往復的運動，這時候，蒸汽中的熱能就轉換成了活塞運動的動能。這說明不同類型的能量是可以相互轉化的，而具體多少熱能可以轉化為多少動能呢？英國物理學家焦耳在做了一系列實驗後得出了一個計算公式，我們後來將其稱為熱功當量。

1847 年，德國物理學家亥姆霍茲提出一條理論：自然作為一個整體，擁有的能量不可能增加，也不可能減少。將這條理論與熱功當量結合之後，就組成了著名的熱力學第一定律。熱量可以從一個物體傳遞到另一個物體上，也可以與其他能量相互轉換，但在轉換的過程中，能量的總值是不會變的，也就是我們熟知的能量守恒定律。

能量守恒定律使製造出永遠不停歇的永動機成為不可能。

在蒸汽機中，充滿熱量的蒸汽進入冷凝器後會迅速變冷，甚至冷卻凝結成液體。在這個過程中，蒸汽的熱量損失了，那麼，為甚麼冷水中含有的少量熱量沒有傳遞給蒸汽，使蒸汽變得更熱呢？實驗證明這是不可能的，熱不能自己從一個溫度較低的物體轉移到一個溫度較高的物體，這就是著名的熱力學第二定律。

姓名	魯道夫·克勞修斯
性別	男
生卒年	1822－1888
國籍	德國
主要成就	熱力學第二定律

首先我要告訴你一個事實，我們周圍的空氣也是有熱量的。然後你可以做一個簡單的實驗：倒一碗熱水放在桌子上，過一小時後，看看這碗水是更熱了還是變涼了。最後你再回頭看看熱力學第二定律，是不是就搞明白了呢？

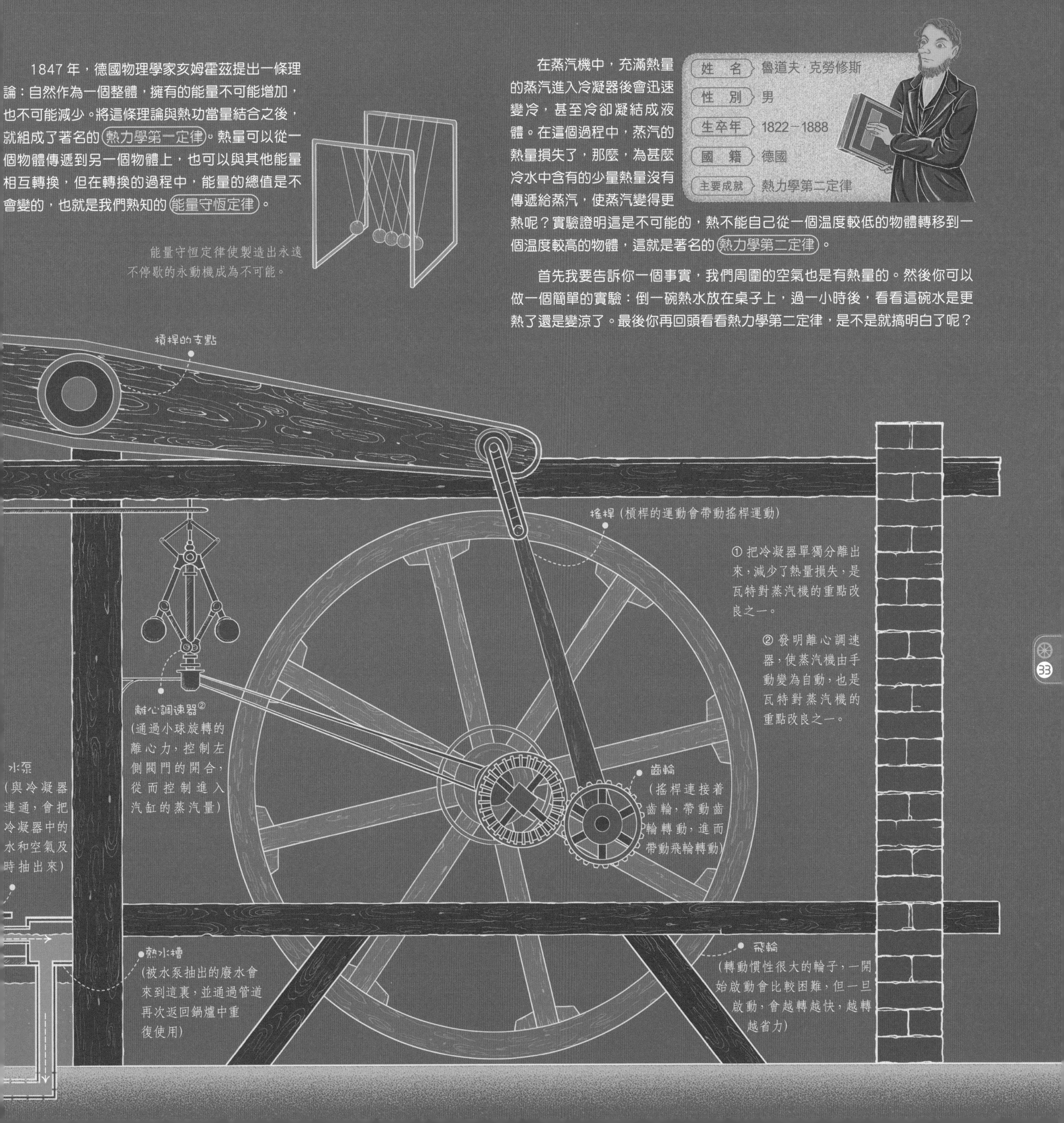

槓桿的支點
搖桿（槓桿的運動會帶動搖桿運動）
① 把冷凝器單獨分離出來，減少了熱量損失，是瓦特對蒸汽機的重點改良之一。
② 發明離心調速器，使蒸汽機由手動變為自動，也是瓦特對蒸汽機的重點改良之一。
離心調速器②
（通過小球旋轉的離心力，控制左側閥門的開合，從而控制進入汽缸的蒸汽量）
水泵
（與冷凝器連通，會把冷凝器中的水和空氣及時抽出來）
齒輪
（搖桿連接着齒輪，帶動齒輪轉動，進而帶動飛輪轉動）
熱水槽
（被水泵抽出的廢水會來到這裏，並通過管道再次返回鍋爐中重復使用）
飛輪
（轉動慣性很大的輪子，一開始啟動會比較困難，但一旦啟動，會越轉越快，越轉越省力）

最早的火車和輪船

瓦特改良蒸汽機之後，很多人看準了蒸汽機的潛力，想了各種辦法把蒸汽機安裝在各種工具上，更重要的是，他們成功了！利用蒸汽機做動力的發明，最著名的有兩個：火車和輪船。雖然也有人試着製造出蒸汽汽車，但是因為過於笨重且太難操作，最終沒有普及。

第一部蒸汽機車是誕生於 1814 年的「布拉策號」，由英國人史蒂芬森發明。但是「布拉策號」有許多問題，比如噪聲太大、振動太強烈，甚至其蒸汽機有隨時爆炸的危險。「布拉策號」前進時濃煙滾滾，煙囱裏不斷冒出火來，車上的乘客不但被搞得滿面灰塵，更被顛簸得筋疲力盡。

1825 年，史蒂芬森和別人合作，設計並製造了第二部蒸汽機車「旅行者號」，他在車廂下面安裝了減震的彈簧，還改良了鐵軌等，使其行駛起來比「布拉策號」的情況要好得多。「旅行者號」取得的巨大的成功，正式向全世界宣告了火車時代的到來。

1829 年，史蒂芬森和他的兒子發明了一種新型鍋爐，用在了著名的「火箭號」蒸汽機車上，其速度可以達到每小時 58 公里，「火箭號」就是你下面看到的這輛。

姓　名	喬治·史蒂芬森
性　別	男
生卒年	1781－1848
國　籍	英國
主要成就	發明蒸汽機車

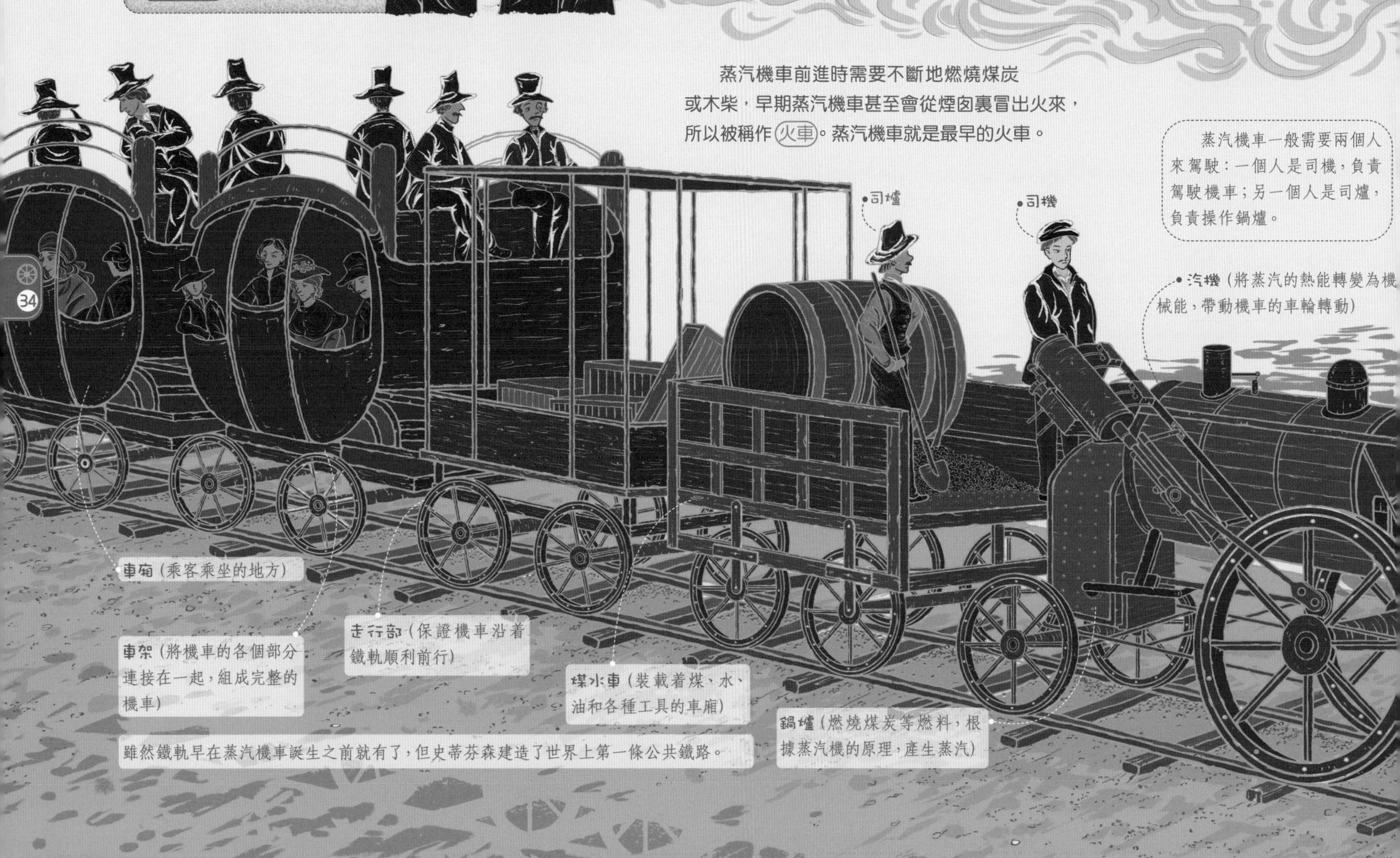
蒸汽機車前進時需要不斷地燃燒煤炭或木柴，早期蒸汽機車甚至會從煙囱裏冒出火來，所以被稱作火車。蒸汽機車就是最早的火車。
蒸汽機車一般需要兩個人來駕駛：一個人是司機，負責駕駛機車；另一個人是司爐，負責操作鍋爐。
司爐
司機
汽機（將蒸汽的熱能轉變為機械能，帶動機車的車輪轉動）
車廂（乘客乘坐的地方）
車架（將機車的各個部分連接在一起，組成完整的機車）
走行部（保證機車沿着鐵軌順利前行）
煤水車（裝載着煤、水、油和各種工具的車廂）
鍋爐（燃燒煤炭等燃料，根據蒸汽機的原理，產生蒸汽）
雖然鐵軌早在蒸汽機車誕生之前就有了，但史蒂芬森建造了世界上第一條公共鐵路。

在瓦特改良蒸汽機之前，船主要依靠風力和人力才能前行，所以那時候的船大多是帆船。最早發明蒸汽輪船的是美國人富爾頓，但是因為那艘船破壞了堤岸而遭到人們的反對。

姓　名	羅伯特·富爾頓
性　別	男
生卒年	1765－1815
國　籍	美國
主要成就	發明蒸汽輪船

1803 年，美國人富爾頓建造了自己的第一艘蒸汽輪船。船上的主要部位安裝着巨大的蒸汽鍋爐，看起來十分笨重，被人們嘲笑為「富爾頓的蠢物」。這艘船最終試航失敗了，不過富爾頓並沒有氣餒。

1807 年，富爾頓建造了自己的第二艘蒸汽輪船，叫作「克萊蒙特號」，也就是你下面看到的這艘。富爾頓為「克萊蒙特號」安裝了當時最好的蒸汽機，「克萊蒙特號」最終在哈德遜河試航成功，宣佈了船舶發展進入一個嶄新的時代。

據說，富爾頓曾經向拿破崙建議建立一支不要帆的蒸汽船隊，被拿破崙拒絕了。最終，拿破崙的帆船隊被英軍摧毀了。

「克萊蒙特號」的速度是每小時 6.4 公里。
船帆（船帆張開時，可以利用風力讓船前進。最早的蒸汽輪船還沒有去掉船帆）
明輪（明輪可以利用蒸汽機提供的能量旋轉，旋轉時，明輪上的葉片會將水往後撥，利用水的反作用力前行。輪船的名稱也源於此）
我覺得這傢伙的缺點可不止笨重……

蒸汽汽車的出現比火車和輪船都要早，它是法國人 N.J. 居紐在 1769 年發明的。這輛三輪蒸汽汽車的名字叫「卡布奧雷」，它最前方的大傢伙是一個鍋爐，也是這輛車的動力來源。據說因為大鍋爐實在太重了，在轉向時必須使出吃奶的勁兒來轉動操縱桿。也正是因為這個缺點，最終導致「卡布奧雷」轉向不及時，撞到了牆上，製造了世界上最早的車禍。

「卡布奧雷」每行駛 15 分鐘就要停車加熱 15 分鐘，效率很低，最終沒能普及。而我們後來所說的汽車，則是另一個故事了。

在道路上馳騁

雖然有人早在 1769 年就發明了以蒸汽作動力的汽車，但每次開車都要非常用力地轉動操縱桿，才能起動那個大鍋爐車頭，最終這輛車因轉動不及時而撞到了牆上。這當然可以看作是汽車的先驅，但也可以認為是汽車歷史上的小插曲。現代汽車的起點源自以汽油和柴油為燃料的內燃機。

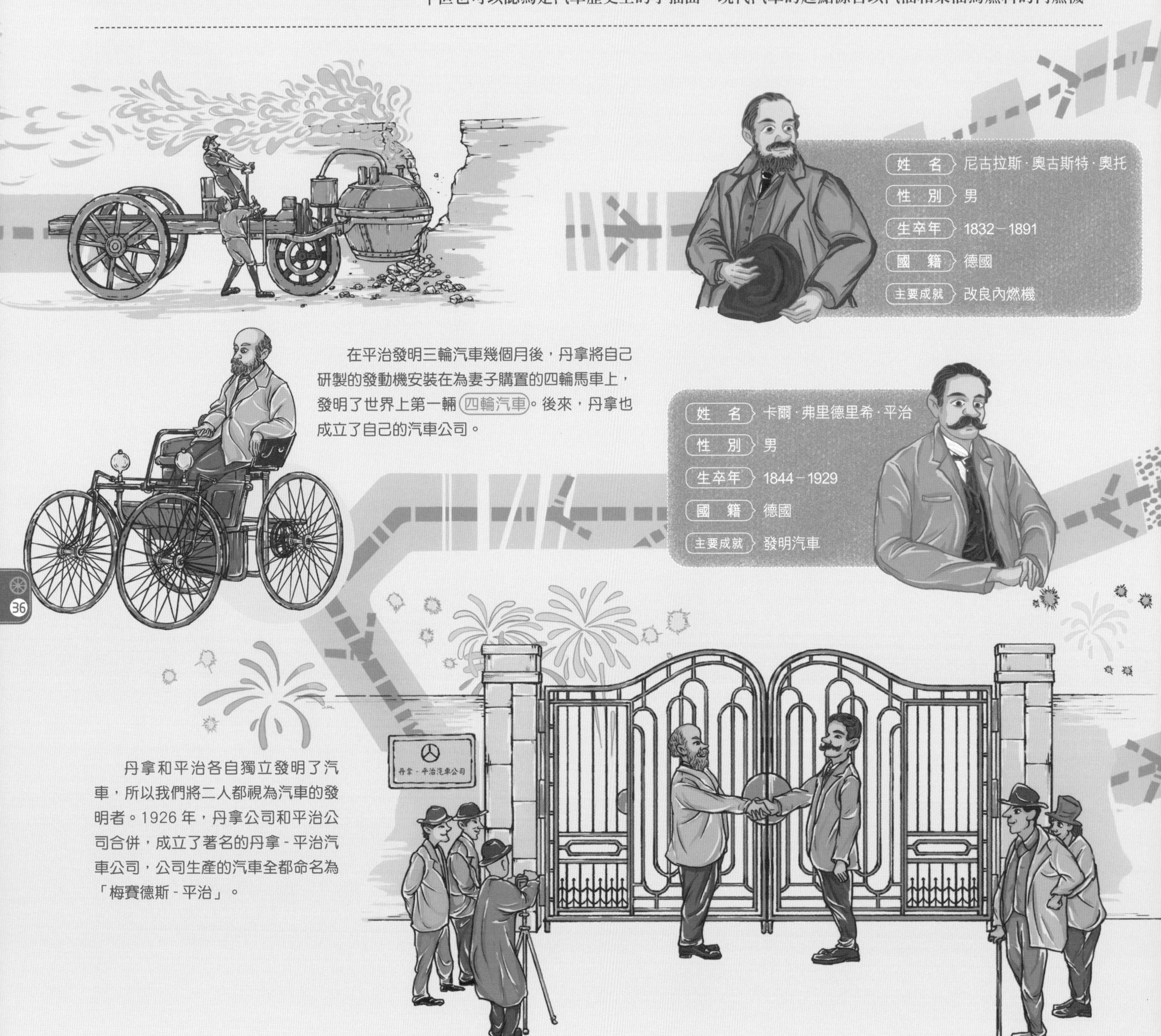

姓名 尼古拉斯·奧古斯特·奧托
性別 男
生卒年 1832－1891
國籍 德國
主要成就 改良內燃機
姓名 卡爾·弗里德里希·平治
性別 男
生卒年 1844－1929
國籍 德國
主要成就 發明汽車

在平治發明三輪汽車幾個月後，丹拿將自己研製的發動機安裝在為妻子購置的四輪馬車上，發明了世界上第一輛四輪汽車。後來，丹拿也成立了自己的汽車公司。

丹拿和平治各自獨立發明了汽車，所以我們將二人都視為汽車的發明者。1926 年，丹拿公司和平治公司合併，成立了著名的丹拿－平治汽車公司，公司生產的汽車全都命名為「梅賽德斯－平治」。

1859 年，法國發明家艾蒂安·勒努瓦發明了第一台實用的內燃機。然而，勒努瓦的內燃機燃料消耗很大，要說真正在汽車上使用的內燃機，還是經過奧托改良的版本。

奧托改良後得到的是一部四行程內燃機，這種內燃機是現在絕大部分汽車的動力來源，它的運作方式可以分為四步，見右圖。

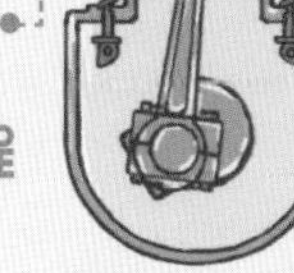

氣缸
汽油和空氣進入氣缸
進氣門打開
排氣門關閉
活塞向下運動
1. 吸氣衝程
氣缸內壓力增大，溫度升高
汽油和空氣被壓縮
進氣門關閉
排氣門關閉
活塞向上運動
2. 壓縮衝程
進氣門關閉
排氣門打開
活塞向上運動
燃燒後的廢氣排出氣缸
將曲軸連在輪子上，就可以帶動輪子轉動
4. 排氣衝程
火花塞產生電火花
汽油和空氣被點燃，產生高溫高壓的燃氣
燃氣推動活塞向下運動
3. 做功衝程

1886 年，德國發明家平治將奧托的內燃機安裝在一輛三輪車上，製成了世界上第一輛汽車——一輛三輪汽車。幾年後，平治成立了自己的汽車公司，中文名翻譯為「平治」。

1886 年，德國發明家丹拿改進了奧托的內燃機，並將其製成發動機，安裝在一輛木製雙輪車上，取名為騎式雙輪車，這便是世界上第一輛摩托車。

姓　名	戈特利布·丹拿
性　別	男
生卒年	1834－1900
國　籍	德國
主要成就	發明摩托車和汽車

姓　名	亨利·福特
性　別	男
生卒年	1863－1947
國　籍	美國
主要成就	改變汽車生產方式

其實，真正把汽車推廣到民眾中的另有其人，他就是美國發明家福特。福特擁有自己的福特汽車公司，他引入流水線的生產模式來製造汽車，這使汽車得以批量生產，而且也降低了製造成本。1908 年，福特汽車公司推出了價格低廉的福特 T 型車，真正將汽車帶入普通大眾的日常生活。

在天空中翱翔

人們駕駛汽車在陸地上馳騁，同時也仰望着在天空中自由飛翔的鳥兒。不知道從何時開始，人類也渴望能夠飛翔。在人們對此還無計可施的時候，他們發明了各種可以飛上天的物件，比如風箏，而當人們了解了空氣的祕密之後，在天空中翱翔就不再只是一個夢想了。

一開始，人們採取的策略是滑翔，這個設想最早出現在 15 世紀的藝術家達文西的畫稿中，直到 1848 年，德國工程師李林塔爾發明了實用的滑翔機。

李林塔爾製造的滑翔機需要通過移動飛行員的身體來改變重心，從而操縱飛行。這給他的研究帶來了巨大的局限性，並且他一生都沒能打破。

美國的萊特兄弟從前人有關滑翔機的研究中總結了經驗和教訓，他們自製滑翔機並進行了上千次實驗，最終製造出可操控飛行的「飛行者一號」，這也是人類歷史上第一架真正意義上的飛機。

1903 年，萊特兄弟開始了「飛行者一號」的試飛之旅。「飛行者一號」成功升空，雖然第一次只飛了大約 36.6 米的距離，但這次飛行開啟了人類的航空之旅，標誌着飛機時代的來臨。

姓名	萊特兄弟
性別	男
生卒年	1867－1912 & 1871－1948
國籍	美國
主要成就	發明飛機

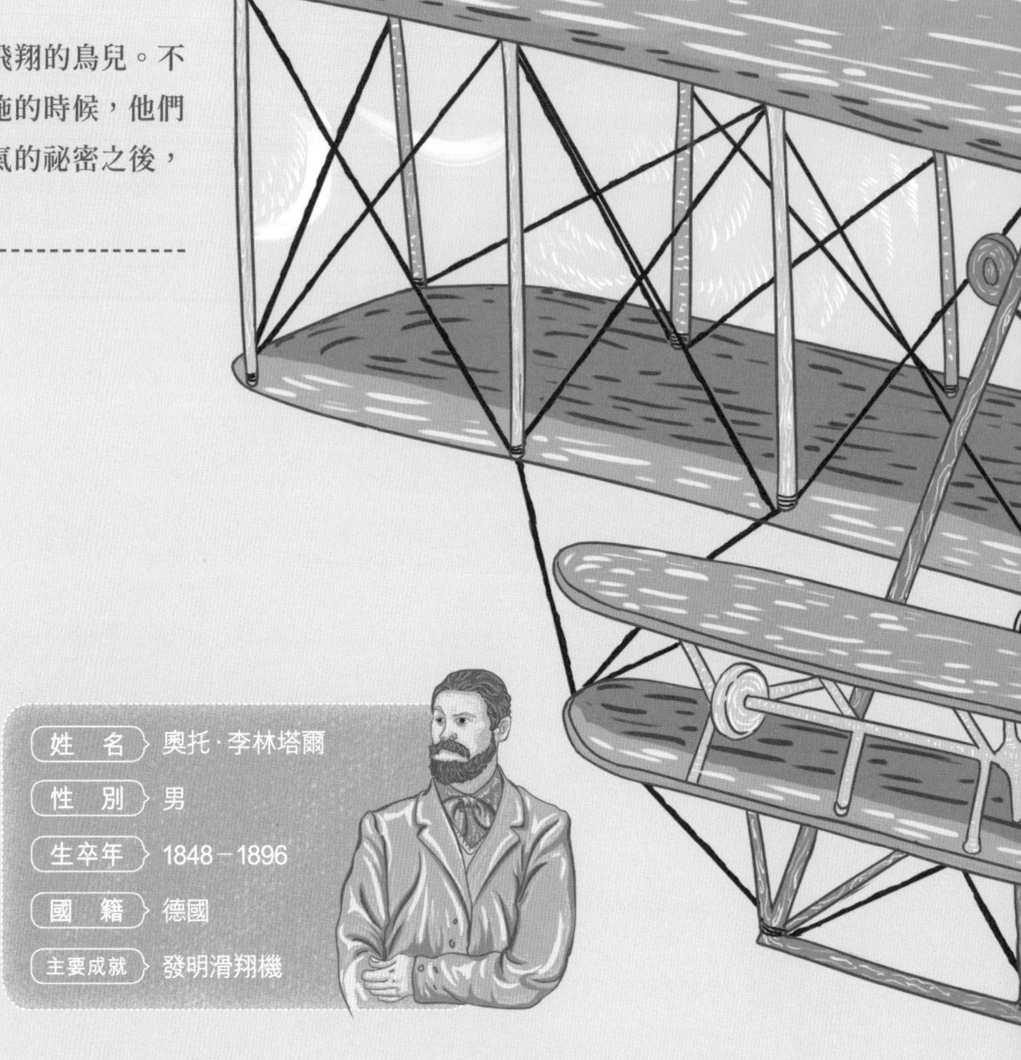

姓名	奧托·李林塔爾
性別	男
生卒年	1848－1896
國籍	德國
主要成就	發明滑翔機

飛機為甚麼能夠飛行？

我們不妨先來做一個實驗：拿出兩張紙，豎着放在嘴巴前面，往兩張紙中間用力吹氣，注意觀察，兩張紙不僅沒有被吹到兩邊，反而相互靠近了對不對？這就是飛機飛行的原理，我們稱之為伯努利原理，其所闡述的內容是，在水流或氣流裏，如果水流或氣流的流動速度小，壓強就大，如果流動速度大，壓強就小。

當我們在兩張紙中間吹氣時，中間的氣流速度就大，壓強就小，而紙張外面的空氣沒有流動，壓強就大。所以並不是我們把兩張紙吹到了一起，而是外面的空氣把兩張紙壓在了一起。

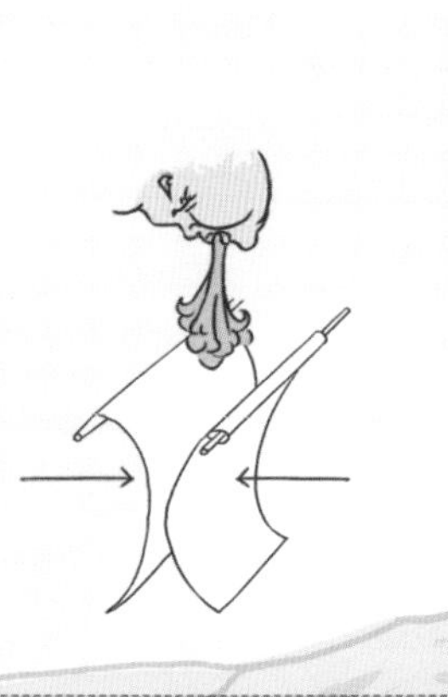

飛機的飛行也利用了伯努利原理，這點體現在機翼上。現代飛機的機翼上下是不一樣的，這樣就會使機翼上方的空氣流動速度比下方的快，而我們知道，流速越快，壓強越小，所以機翼下方的空氣壓強要大於上方壓強，這樣一來，下方的空氣就會把飛機「抬」起來。

萊特兄弟的「飛行者一號」看起來非常簡單，但是它的大部分構造都是現代飛機必不可少的基礎，可以說是為現代飛機提供了一個優秀的範本。

方向舵（可以改變飛行方向）

早在飛機誕生前，法國的孟格菲兄弟發明了另外一種可以帶着人們飛上天空的儀器，叫作熱氣球。載人熱氣球最早誕生於 1783 年，比飛機早了整整 120 年。

熱氣球為甚麼能飛上天空？

熱氣球的原理非常簡單，並且在生活中很常見。我們經常能看到冒着熱氣的飯菜，那你有沒有想過，熱氣為甚麼往上冒，而不是往下鑽呢？這是因為物理界有個熱脹冷縮的原理。物體受熱時就會膨脹，膨脹之後體積變大，與同等體積的冷空氣相比會更輕，所以會向上升起。熱氣球就是利用空氣受熱後膨脹上升的原理飛上天空的。

起落架（飛機起飛和降落時用來支撐和停放的裝置。現代飛機的起落架帶有輪子，輪子是可收放的，放下時用於在機場跑道滑翔。在飛行時收起輪子，可以減少空氣阻力）

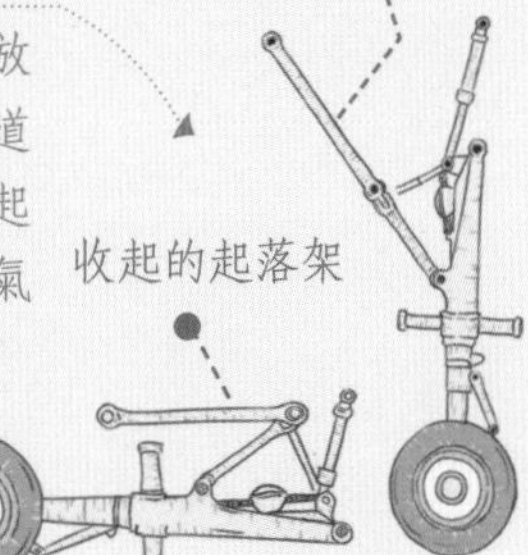

駕駛艙（飛行員在這裏駕駛飛機。現代飛機的飛行員可以不需要趴着駕駛飛機了）

機翼（為飛機提供升力，將機翼增大是萊特兄弟發明飛機的關鍵想法之一）

升降舵（可以控制飛機在空中的升降。現代飛機的升降舵一般與方向舵一起構成飛機的尾翼。方向舵和升降舵的發明，使人們終於結束了依靠飛行員改變身體重心來操作飛行的歷史）

姓名	孟格菲兄弟
性別	男
生卒年	1740－1810 & 1745－1799
國籍	法國
主要成就	發明熱氣球

奇妙的微觀世界

你有沒有想過，在我們生活的世界中，也許存在着傳說故事中提到的生命？雖然不及傳說故事離奇，但負責任地說，世界上確實存在着「小人國」。只不過那些「小人」比我們想象中的還要小得多，甚至小到人們用肉眼無法觀測的地步，這些「小人」就是微生物。至於人們如何發現肉眼看不到的生命，就不得不提到本頁的主角——列文虎克和顯微鏡了。

姓　名	安東尼·范·列文虎克
性　別	男
生卒年	1632－1723
國　籍	荷蘭
主要成就	發現微生物和精子

由於無法用肉眼觀測到，所以這一切在顯微鏡被發明以前都是不可能發生的天方夜譚。列文虎克雖然不是顯微鏡的發明者，但他在中年之後，就開始利用工作閒暇磨透鏡。憑借着自己的勤奮和獨特的才幹，列文虎克最終製造出了當時最好的能將物體放大將近 300 倍的顯微鏡，成為 17 世紀最傑出的顯微鏡專家！

擁有了工具之後，列文虎克就開始了自己的觀察之旅。與我們印象中的科學家不同，列文虎克沒有立即去觀察動物和植物，而是觀察自己的日常生活，比如說，他經常拿起顯微鏡對着光進行觀察。

也許對着光沒有觀察出甚麼名堂，但列文虎克的好奇心依舊旺盛，他開始觀察水滴——這次還真讓他觀察到了不得了的東西！

沒錯，列文虎克觀察到的就是比傳說故事中更小的「小人國」成員，有多小呢？列文虎克曾這樣形容：「……它們小得不可思議，如此之小……即使把一百個這些小動物撐開擺在一起，也不會超過一顆粗沙子的長度……」

這下子，列文虎克就像是發現了夢幻世界的入口，徹底被這些小生命迷住了。他觀察生活在自己牙齒之間的小生命，觀察在精液中游動的小精子……那時候的人們還不知道這一切有多偉大，直到微觀世界的大門被完全打開，人們才恍然大悟，原來列文虎克的發明如此重要。

甚麼是顯微鏡？

顯微鏡是由一個透鏡或幾個透鏡組合在一起製成的光學儀器，可以將微小的物體放大成百上千倍，方便人們觀測肉眼看不到的微觀世界。

最早的顯微鏡出現在 16 世紀末期，由荷蘭眼鏡商人製造，可惜的是人們沒有用它做過任何重要觀察。真正讓顯微鏡發揮功效的人有兩個：一個是意大利科學家伽利略，他用顯微鏡觀察了昆蟲的複眼；另一個就是荷蘭科學家列文虎克，他不僅自製顯微鏡，還首次觀測到了各種各樣的微生物。

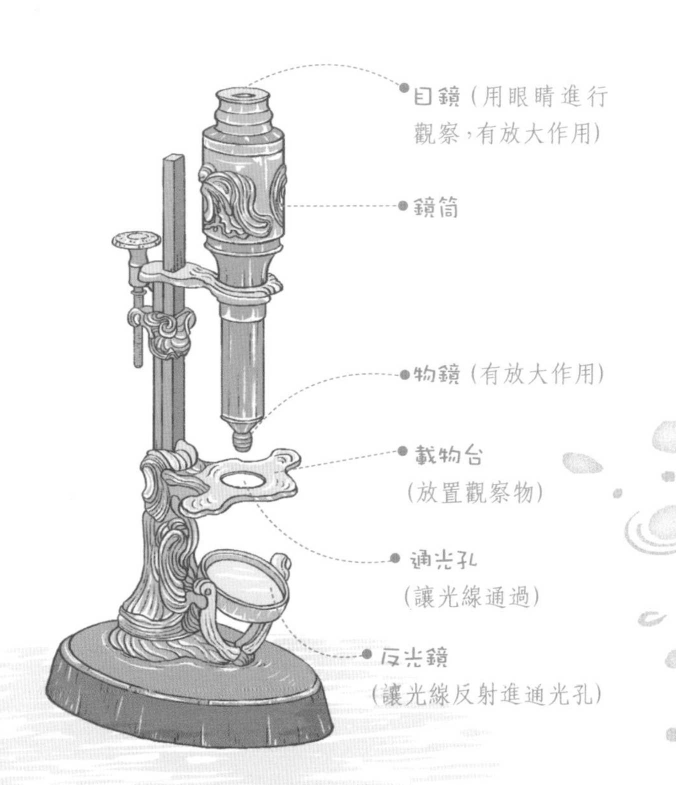

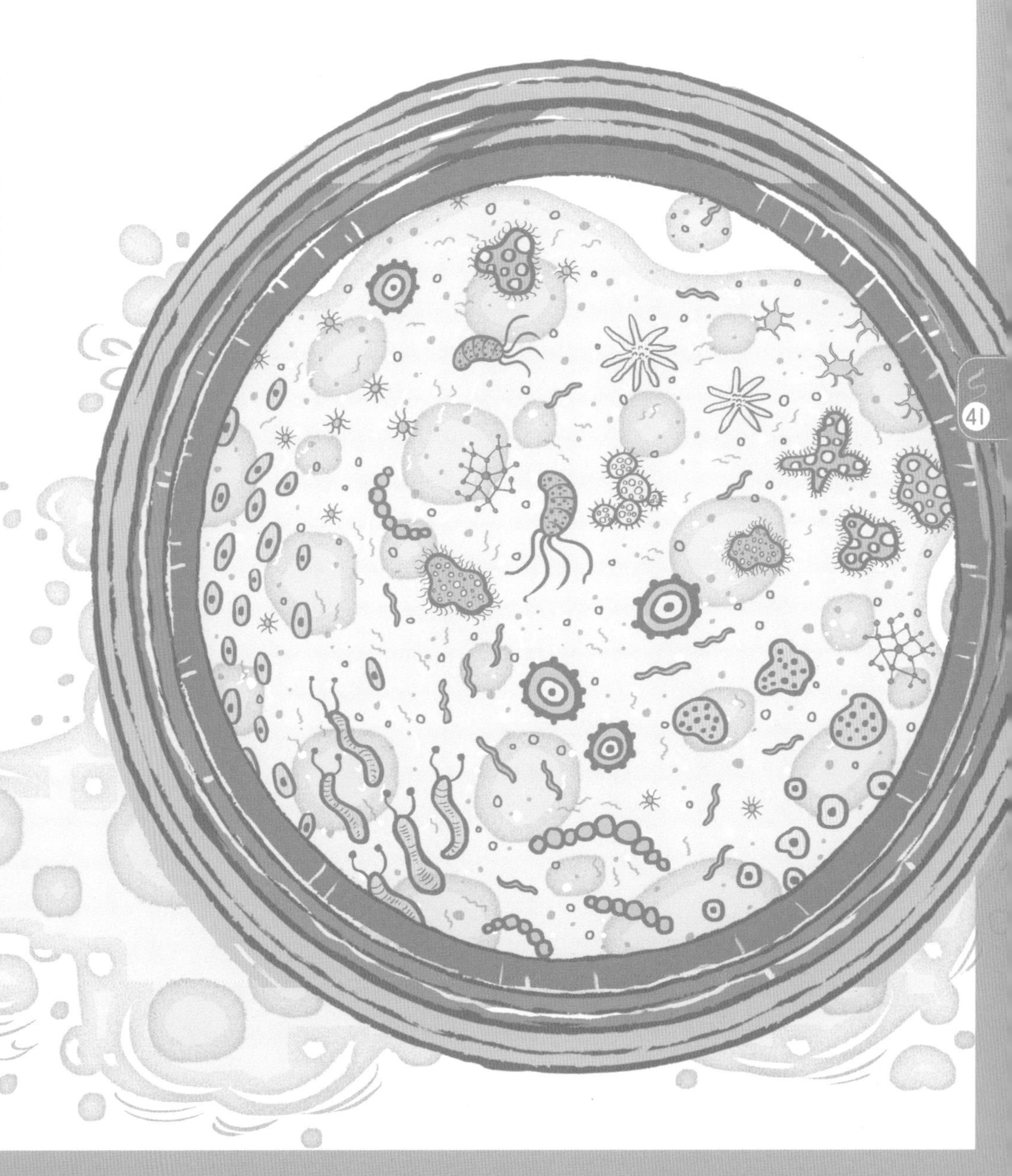

身體裏的小房間

早在列文虎克踏入微觀世界的大門之前，就有人首先發現了存在於生物體內的細胞。經過一個多世紀的研究，直到 1839 年，科學家們才終於發現了細胞的祕密，創建了細胞學說。

姓　名	許旺
性　別	男
生卒年	1810－1882
國　籍	德國
主要成就	與施萊登共同創立細胞學說

細胞學說認為，一切動植物都是由細胞發育而來，並且由細胞和細胞產物構成。這也就意味着，不論是人類還是動物，抑或是植物、細菌，全部都是由細胞發育組成的。

我們都知道細胞小到肉眼看不到，對於像我們人類這樣的「龐然大物」，到底得有多少個細胞才足夠呢？答案是 40 萬億～60 萬億個，這些細胞就像一座座堅固的小房子，共同「建造」出了我們的身體。

值得慶幸的是，所有細胞在結構和組成上基本相似，這至少給我們提供了一個大致的框架，方便我們認識細胞。

主要的細胞結構有細胞核、細胞質和細胞膜三部分。但有的細胞沒有細胞核，我們可以據此將細胞分為兩大類：原核細胞和真核細胞。

原核細胞
纖毛（掃除細胞表面的雜質）
細胞壁（保護細胞）
鞭毛（運動、攝食等）
核糖體（為細胞合成蛋白質）
擬核（原核細胞的核心區域，內部含有遺傳物質）
細胞質（細胞膜包裹範圍內，除去擬核之外的所有物質的總稱）
細胞膜（防止外界無用的物質進入細胞，讓有用的物質進入細胞，並將廢物排出去，是細胞與外界的橋樑。對於沒有細胞壁的細胞來說，細胞膜也起到很重要的保護作用）
真核細胞（動物）
中心體（負責細胞的分裂）
核糖體（真核細胞中合成蛋白質需要三步，核糖體是第一步）
纖毛
線粒體（為細胞製造能量）
溶酶體（分解從外界進入細胞內的物質）
過氧化物酶體（除去有害物質）
內質網（合成蛋白質、糖類等，是真核細胞合成蛋白質的第二步）
高爾基體（加工、分類並運送由內質網合成的蛋白質，是真核細胞合成蛋白質的最後一步）
細胞膜（動物細胞沒有細胞壁）
細胞核（內部含有大多數的遺傳物質，是真核細胞的核心區域，原核細胞沒有細胞核）
細胞核膜
細胞核仁

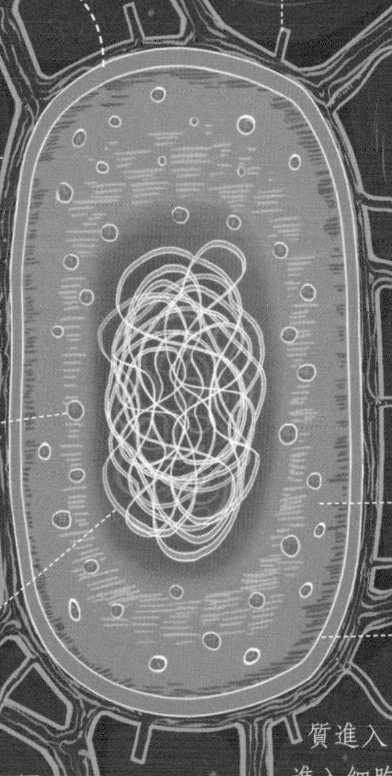

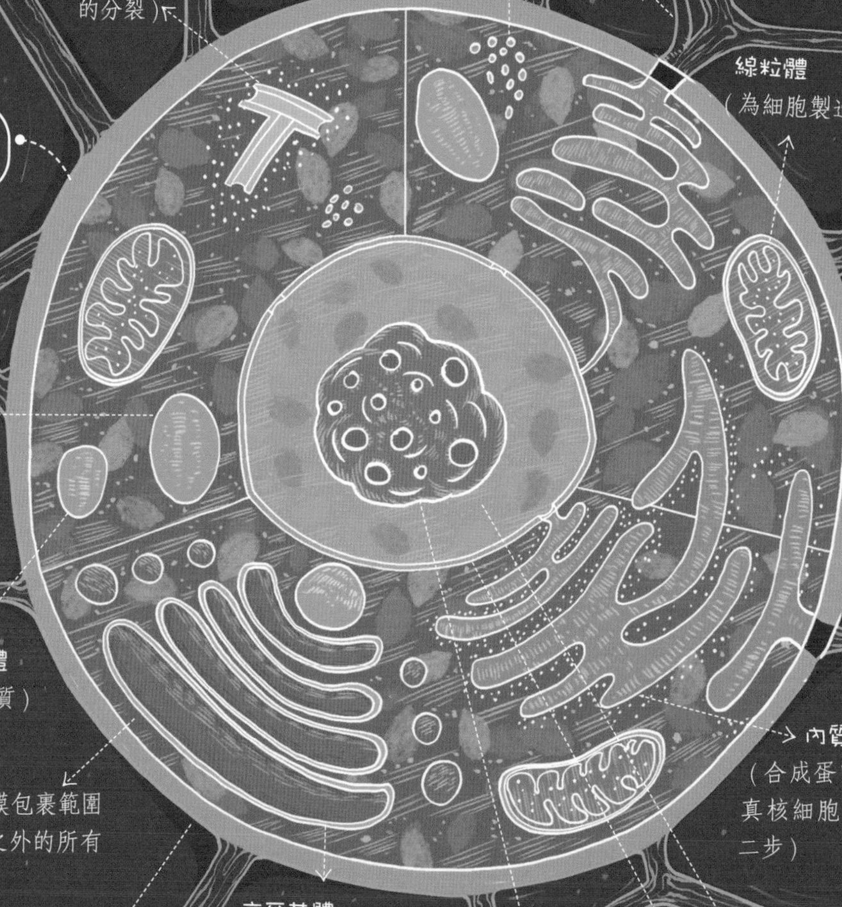

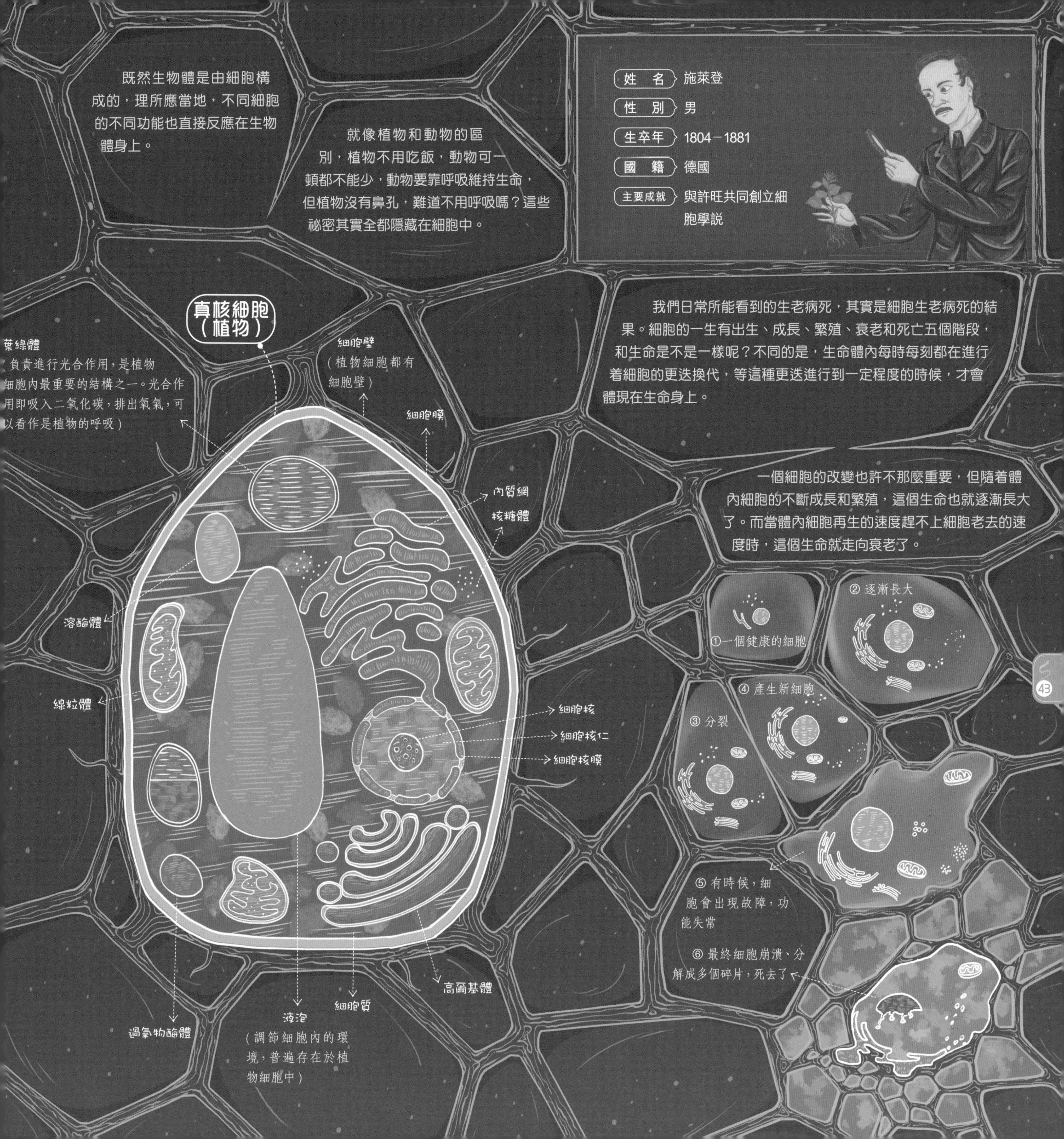

既然生物體是由細胞構成的，理所應當地，不同細胞的不同功能也直接反應在生物體身上。
就像植物和動物的區別，植物不用吃飯，動物可一頓都不能少，動物要靠呼吸維持生命，但植物沒有鼻孔，難道不用呼吸嗎？這些祕密其實全都隱藏在細胞中。
姓 名 施萊登
性 別 男
生卒年 1804－1881
國 籍 德國
主要成就 與許旺共同創立細胞學說
我們日常所能看到的生老病死，其實是細胞生老病死的結果。細胞的一生有出生、成長、繁殖、衰老和死亡五個階段，和生命是不是一樣呢？不同的是，生命體內每時每刻都在進行着細胞的更迭換代，等這種更迭進行到一定程度的時候，才會體現在生命身上。
真核細胞（植物）
葉綠體
（負責進行光合作用，是植物細胞內最重要的結構之一。光合作用即吸入二氧化碳，排出氧氣，可以看作是植物的呼吸）
細胞壁
（植物細胞都有細胞壁）
細胞膜
內質網
核糖體
溶酶體
線粒體
細胞核
細胞核仁
細胞核膜
高爾基體
細胞質
液泡
（調節細胞內的環境，普遍存在於植物細胞中）
過氧物酶體
一個細胞的改變也許不那麼重要，但隨着體內細胞的不斷成長和繁殖，這個生命也就逐漸長大了。而當體內細胞再生的速度趕不上細胞老去的速度時，這個生命就走向衰老了。
①一個健康的細胞
② 逐漸長大
③ 分裂
④ 產生新細胞
⑤ 有時候，細胞會出現故障，功能失常
⑥ 最終細胞崩潰、分解成多個碎片，死去了
43

生命從受精卵開始

你有沒有好奇過你是從哪裏來的？如何誕生？如何長大？這一次我們就來解答這些問題。還記得上一頁的細胞學說嗎？細胞學說認為細胞是生物的基本結構和功能單位，一切動植物都是由細胞發育而來的——人類也不例外。最初的細胞和普通的細胞不同，它甚至有自己獨特的名字，叫作受精卵。

受精卵雖然是一個細胞，但其實是由兩個生殖細胞結合而成的，分別是精子和卵細胞。

精子是來源於雄性的生殖細胞，分為動物精子和植物精子。一般來說，精子的結構可以分為三部分：頭、頸、尾。

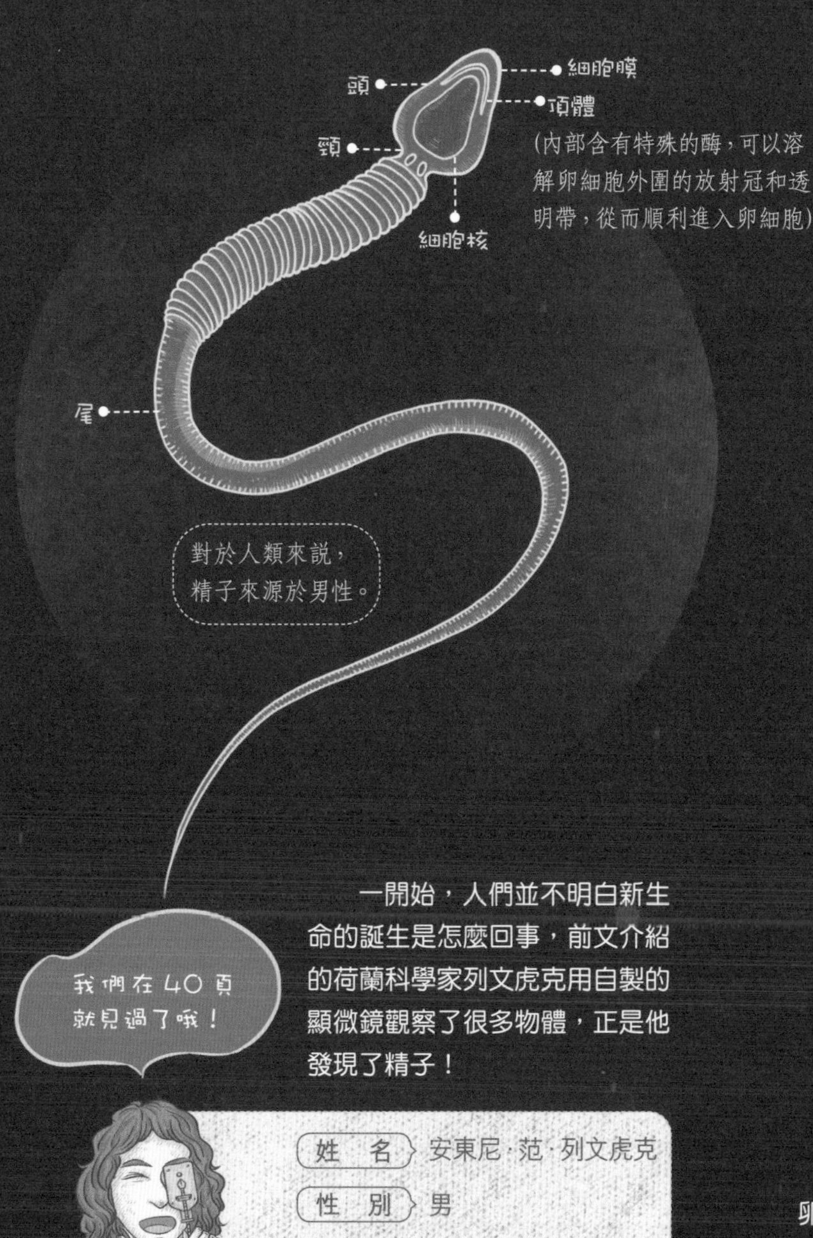

頭
細胞膜
頂體
(內部含有特殊的酶，可以溶解卵細胞外圍的放射冠和透明帶，從而順利進入卵細胞)
頸
細胞核
尾
對於人類來說，精子來源於男性。
我們在40頁就見過了哦！

卵細胞是來源於雌性的生殖細胞，動物和部分植物會產出卵細胞。

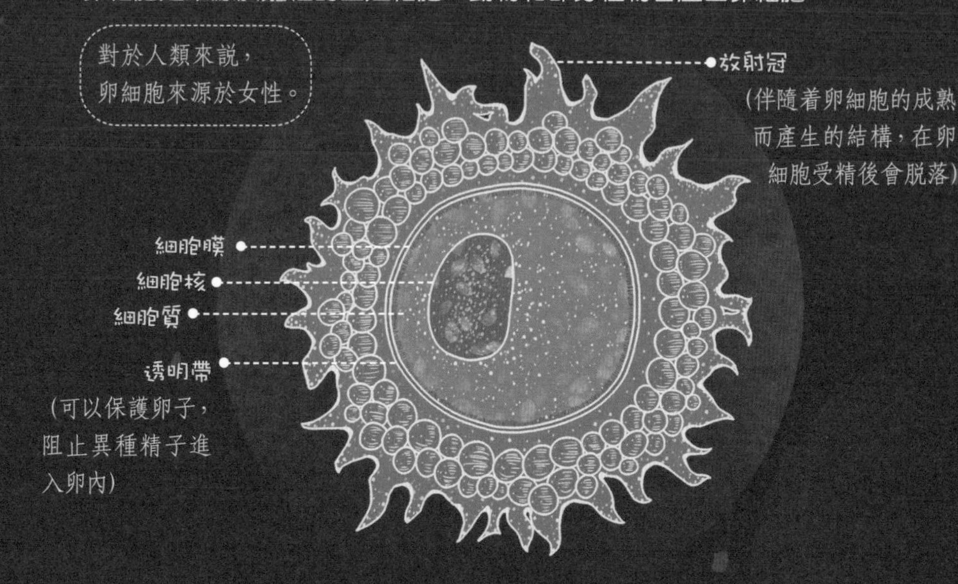

對於人類來說，卵細胞來源於女性。
放射冠
(伴隨着卵細胞的成熟而產生的結構，在卵細胞受精後會脫落)
細胞膜
細胞核
細胞質
透明帶
(可以保護卵子，阻止異種精子進入卵內)

當精子進入卵細胞，精子的細胞核與卵細胞的細胞核融合之後，這個卵細胞就受精了，變成了受精卵。

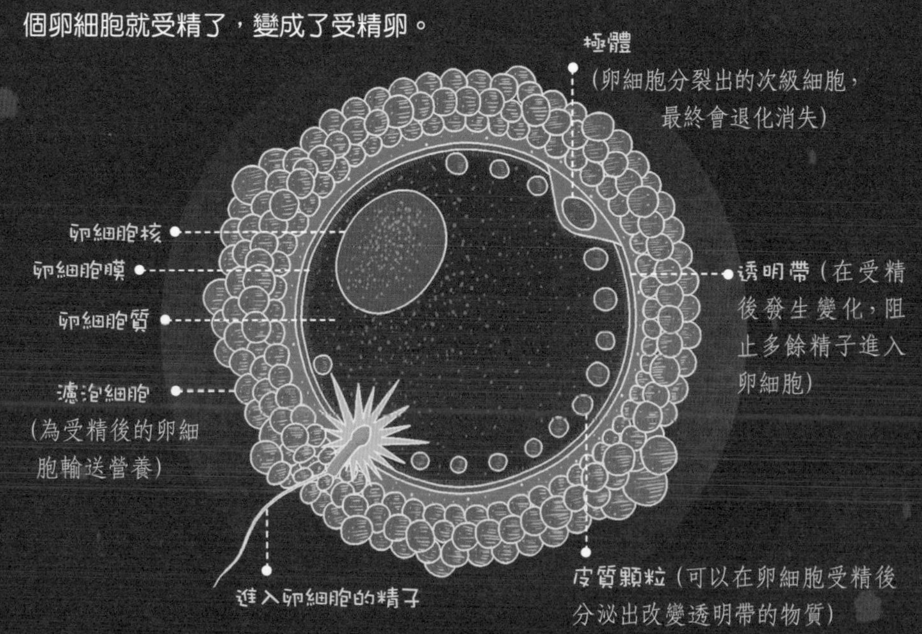

極體
(卵細胞分裂出的次級細胞，最終會退化消失)
卵細胞核
卵細胞膜
卵細胞質
濾泡細胞
(為受精後的卵細胞輸送營養)
透明帶(在受精後發生變化，阻止多餘精子進入卵細胞)
進入卵細胞的精子
皮質顆粒(可以在卵細胞受精後分泌出改變透明帶的物質)

一開始，人們並不明白新生命的誕生是怎麼回事，前文介紹的荷蘭科學家列文虎克用自製的顯微鏡觀察了很多物體，正是他發現了精子！

姓名	安東尼·范·列文虎克
性別	男
生卒年	1632－1723
國籍	荷蘭
主要成就	發現微生物和精子

卵細胞受精後就會開始分裂，並且一邊分裂一邊移動，最終移動到子宮內着床，一個新生命正在緩緩生長……

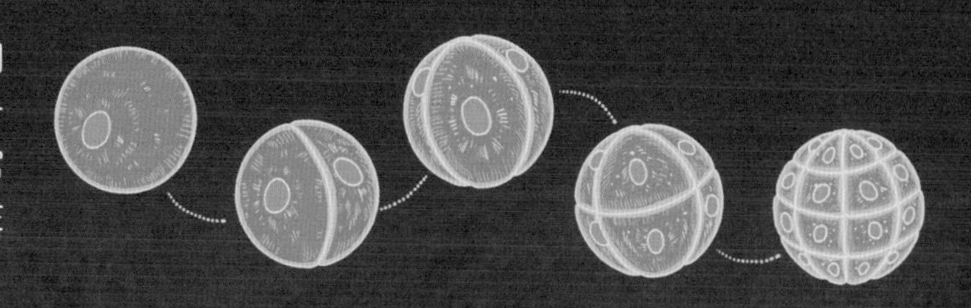

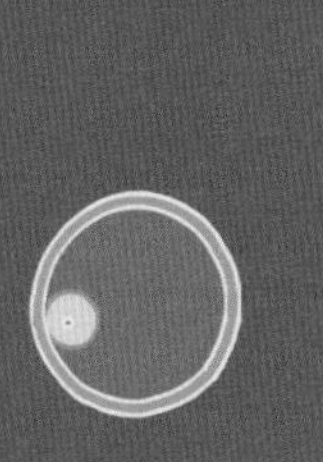

一般來說，受精後一週就會着床，這時候受精卵已經發育成了幾百個細胞。

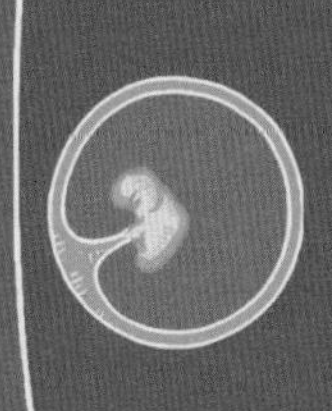

兩週後形成胚胎。

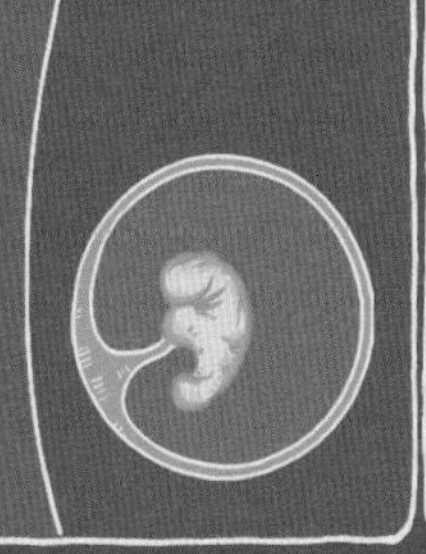

一個月後，胎兒長到了一厘米的大小，形狀就像一隻小海馬。

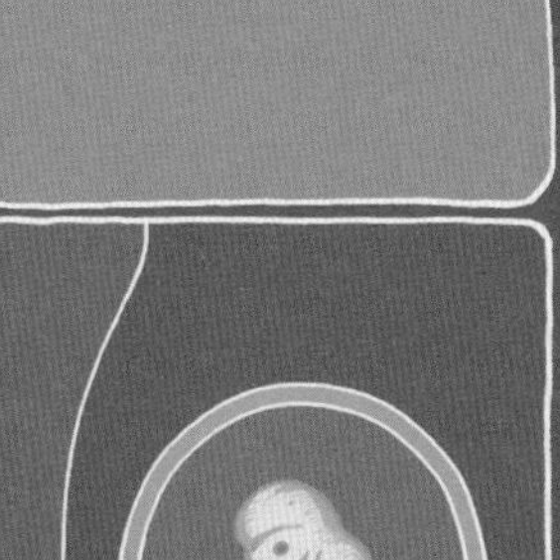

兩個月後，胎兒體內的器官開始形成。

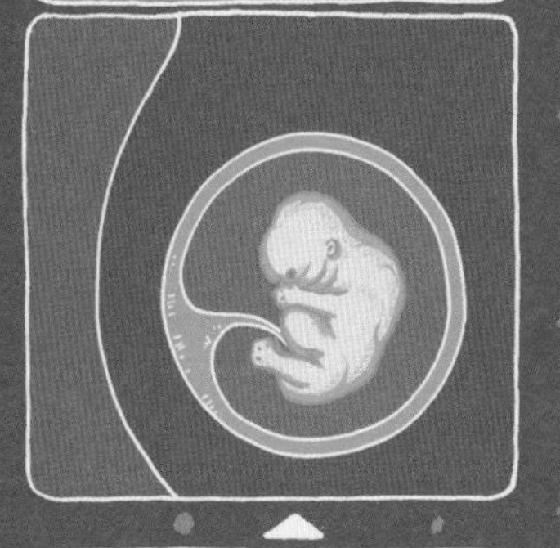

三個月後，胎兒的四肢逐漸成形。

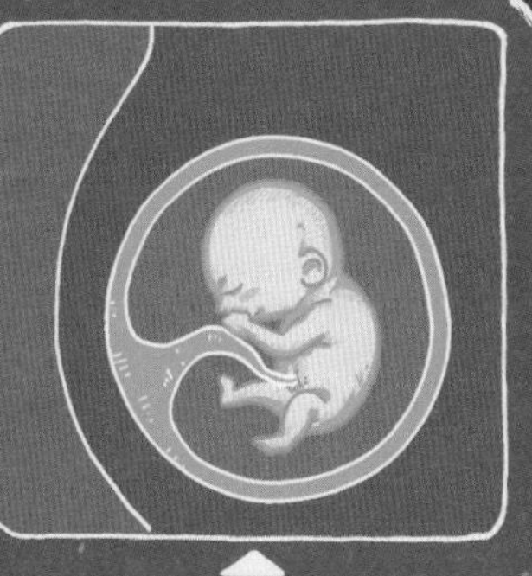

四個月後，胎兒的五官已經完全成形。

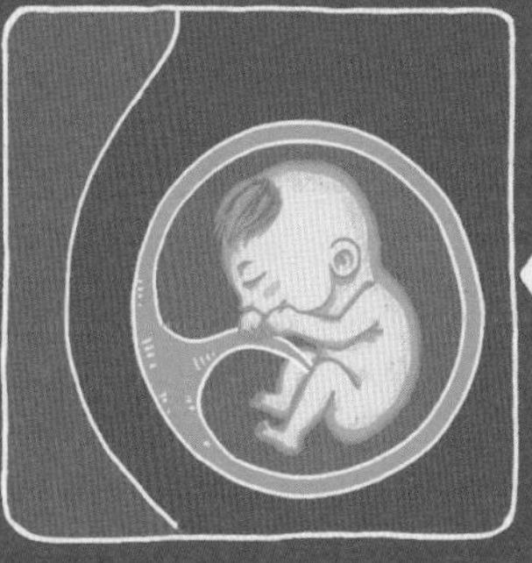

五個月後，胎兒開始長頭髮和指甲。

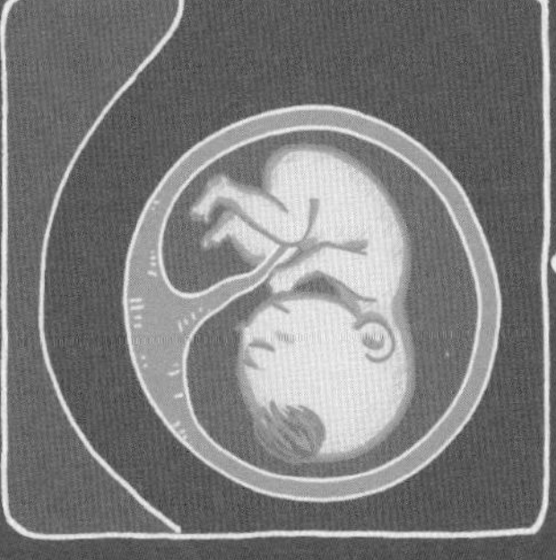

六個月後，胎兒可以自由地移動身體的位置。

七個月後，胎兒可以感受到光線，可以聽到聲音。

八個月後，胎兒開始出現意識。

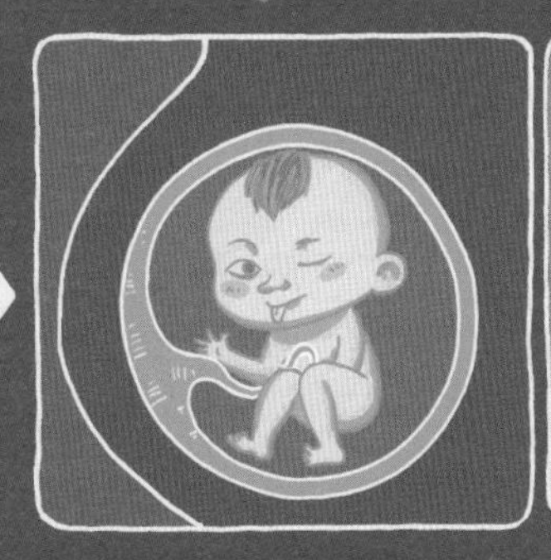

九個月後，胎兒可以做出表情了。

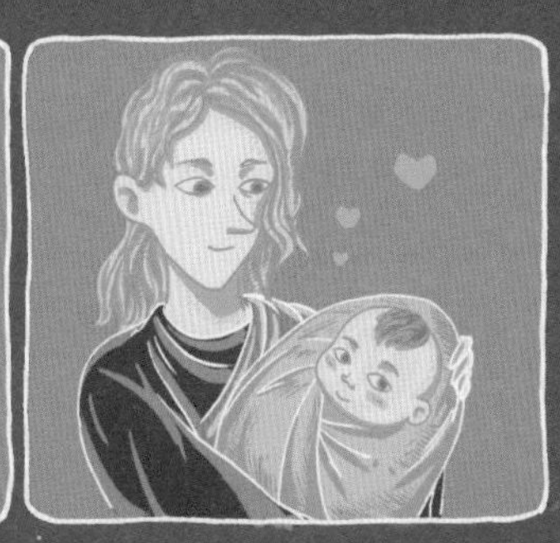

十個月後，胎兒出生，新生命就這樣誕生了！

我們都來自父母

生命從受精卵發育而來，並且在一開始就決定好了性狀。也就是說，在你還是一顆小小的受精卵的時候，你未來會長成甚麼樣子就已經確定好了，因為這些信息都遺傳自你的父母，而遺傳又遵循一定的規律。美國科學家摩爾根和奧地利科學家孟德爾就發現了這種規律。

姓　名	托馬斯·亨特·摩爾根
性　別	男
生卒年	1866－1945
國　籍	美國
主要成就	發現染色體機制和遺傳學第三定律

摩爾根的發現主要來源於長期的果蠅雜交實驗，從 1909 年到 1928 年，摩爾根專門成立了以果蠅為實驗材料的研究室。他的研究室非常簡單，除了幾張舊桌子，就是培養了千萬隻果蠅的幾千個牛奶罐。1926 年，摩爾根發現了基因和染色體的關係，創立了基因學說，並且發現了遺傳學的第三大定律。

生物的繁衍和進化都離不開父母的遺傳信息，遺傳信息決定了後代的性狀。遺傳信息存在於 DNA（脫氧核糖核酸）中，DNA 存在於染色體中，染色體存在於細胞核中。帶有遺傳信息的 DNA 就是基因，我們可以簡單地理解為，基因就是遺傳信息。

實際上，基因經常是成對存在的（所以我們在表示基因時總是用兩個字母，比如 Aa）。在生殖細胞（比如精子和卵細胞）形成的過程中，位於同一個染色體中的基因甚至是連鎖在一起的，而在生殖細胞形成時，存在於同一個染色體中的不同的成對基因之間可以發生交換，這叫作基因的連鎖與互換定律。該定律是遺傳學的三大定律之一，利用這個規律，將有利的連鎖基因組合在一起，以及打破不利的基因連鎖，都可以幫助我們培育出更加優良的植物和動物。

遺傳學有三大定律，除了摩爾根發現的基因的連鎖與互換定律，還有孟德爾發現的分離定律和自由組合定律。值得注意的是，孟德爾的發現要更早哦！

孟德爾的發現源於他長達八年的豌豆雜交實驗。雖說一開始孟德爾做豌豆實驗只是為了獲得更加優良的品種，但是在實驗過程中，他逐漸把重心轉移到探究遺傳規律上，並且最終得出了分離定律和自由組合定律。

姓名	格雷戈爾·孟德爾
性別	男
生卒年	1822－1884
國籍	奧地利
主要成就	發現了遺傳學分離定律和自由組合定律

1865 年，孟德爾向世人公佈了他的研究成果。但是當時達爾文進化論方面的著作問世不久，人們都熱衷於研究進化，而且孟德爾的理論過於先進，科學家們都聽得雲裏霧裏，以至於這項偉大的成就被埋沒了。直到 1900 年，有幾位科學家才重新發現了孟德爾早已發現的遺傳定律，時隔 35 年，孟德爾的研究終於得以綻放光彩。

基因分為兩種：顯性基因和隱性基因。其中，顯性基因力量比較強、能單獨決定後代性狀，隱性基因力量比較弱、不能單獨決定後代性狀。

舉個簡單的例子：雙眼皮是顯性基因，我們用 A 來表示，單眼皮是隱形基因，我們用 a 來表示。如果一個人的基因是 AA，那麼他將會是雙眼皮，如果是 aa，他將會是單眼皮，但如果是 Aa 或者 aA，他將還會是雙眼皮，這就是顯性基因 (A) 能單獨決定後代性狀的意思。

之所以會出現這麼多種情況，是因為即使是處於同一個染色體中的成對基因，也是相對獨立的，也會在細胞分裂的時候分離出來，獨立進入不同的生殖細胞中，再獨立地遺傳給後代，這就是分離定律。

孟德爾還發現，控制不同性狀的基因是互不干擾的，無論是分離還是組合，決定同一性狀的基因（比如決定豌豆是高個子還是矮個子的基因，都是決定豌豆「身高」的基因，屬於決定同一性狀的基因）彼此分離，決定不同性狀的基因則會自由組合，這就是自由組合定律。

AA
Aa
aA
aa
高豌豆的基因是 DD
矮豌豆的基因是 dd
高豌豆中的一個 D 單獨進入生殖細胞（基因分離）
矮豌豆中的一個 d 單獨進入生殖細胞（基因分離）
受精之後，融合為 Dd 基因組合，因為高豌豆 D 是顯性基因，所以最終生長出來的是高豌豆。
你的身體，取決於你的父母攜帶的基因，當然了，還有基因自由組合的運氣。
黃色圓粒（包含顯性基因黃色和顯性基因飽滿）
綠色皺粒（包含隱性基因綠色和隱性基因褶皺）
雖然體內擁有隱性基因，但是由於顯性基因可以獨立決定形狀，因此表現為黃色圓粒。
繼續用擁有隱性基因的黃色圓粒進行繁殖，會得出各種基因自由組合的不同結果。
黃色圓粒
綠色圓粒
黃色皺粒
綠色皺粒

用疫苗預防疾病

在 18 世紀，醫療手段非常有限，醫療技術也不夠發達，當時有一種肆虐全球的疾病叫作天花。天花的傳染性非常高，並且死亡率也很高，在那個年代也沒有有效的藥物可以治療，甚至成為 18 世紀英國人死亡的主要原因。但有一點值得注意，一個人只要感染過一次天花，痊癒後就終生都不會再得這種病了，這個現象給人們提供了一個預防天花的思路。

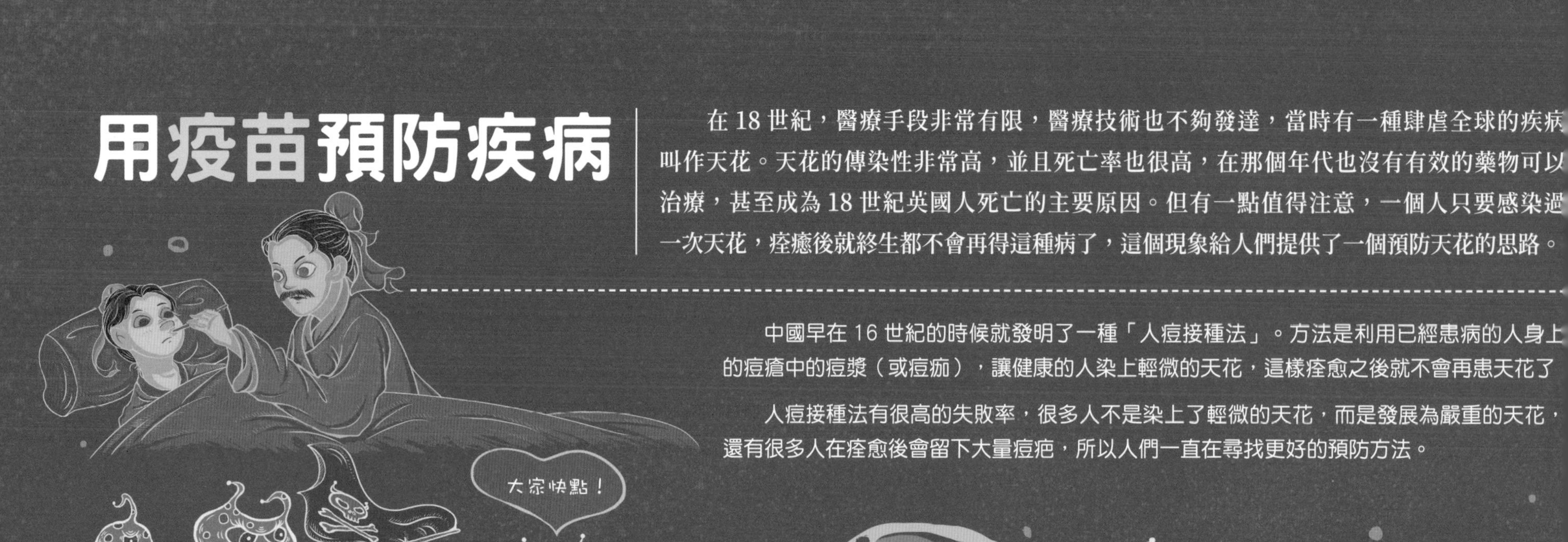

中國早在 16 世紀的時候就發明了一種「人痘接種法」。方法是利用已經患病的人身上的痘瘡中的痘漿（或痘痂），讓健康的人染上輕微的天花，這樣痊愈之後就不會再患天花了

人痘接種法有很高的失敗率，很多人不是染上了輕微的天花，而是發展為嚴重的天花，還有很多人在痊愈後會留下大量痘疤，所以人們一直在尋找更好的預防方法。

大家快點！

為甚麼接種過牛痘或人痘的人，在患過輕微的天花後，就不會再患天花了呢？因為身體一旦接觸過同樣的病原體，就會針對它產生抗體，這種抗體能夠在以後抵抗同種病原體的侵入。

細胞毒性 T 細胞
（根據輔助性 T 細胞的指揮集體出動，攻擊病原體和被感染的細胞）

有入侵者！準備戰鬥！準備抗體！

效應 T 細胞
（戰鬥力非常強的特殊 T 細胞）

病原體
（入侵身體後會引發疾病）

輔助性 T 細胞
（當身體遇到外界物質時，可以辨別敵人，並制定出作戰策略，指揮作戰）

孩子們，快去吧！

抗體
（由於抗原的刺激而產生的具有保護作用的蛋白質）

被感染的細胞

別擠！

讓我進去！

效應 B 細胞
（可以產生抗體）

B 細胞
（可以分化為負責產生抗體的效應 B 細胞）

放我下去！

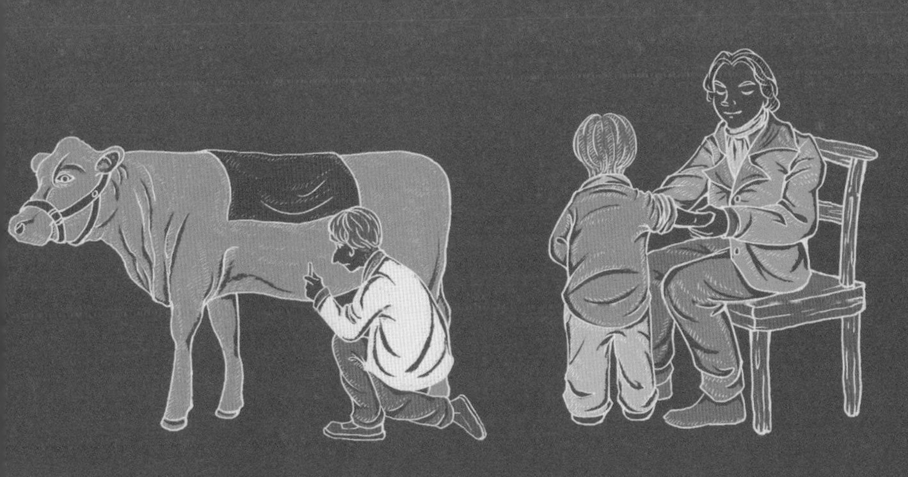

姓 名 愛德華·詹納
性 別 男
生卒年 1749－1823
國 籍 英國
主要成就 發明並推廣牛痘接種法，打開免疫學的大門

18 世紀末，一位名叫詹納的英國醫生在牧場工作，那時候牧場裏的奶牛經常會患一種叫作牛痘的疾病，這種疾病可以傳染給人，擠奶工就是易染人群。牛痘的症狀與輕微的天花的症狀很相似，神奇的是，詹納發現所有患過牛痘的人都沒有患過天花。1796 年，詹納從一個擠奶工的手上取出牛痘痘瘡中的物質，注射給了一個八歲的小男孩。小男孩患了牛痘，並且很快就康復了。詹納又給他注射了天花痘瘡中的物質，如詹納所料，小男孩果然沒有患天花。這就是牛痘接種法的發明，比人痘接種法要更安全。後來，詹納將這種方法無私地傳播給全世界，幫助人們完全克服了天花。

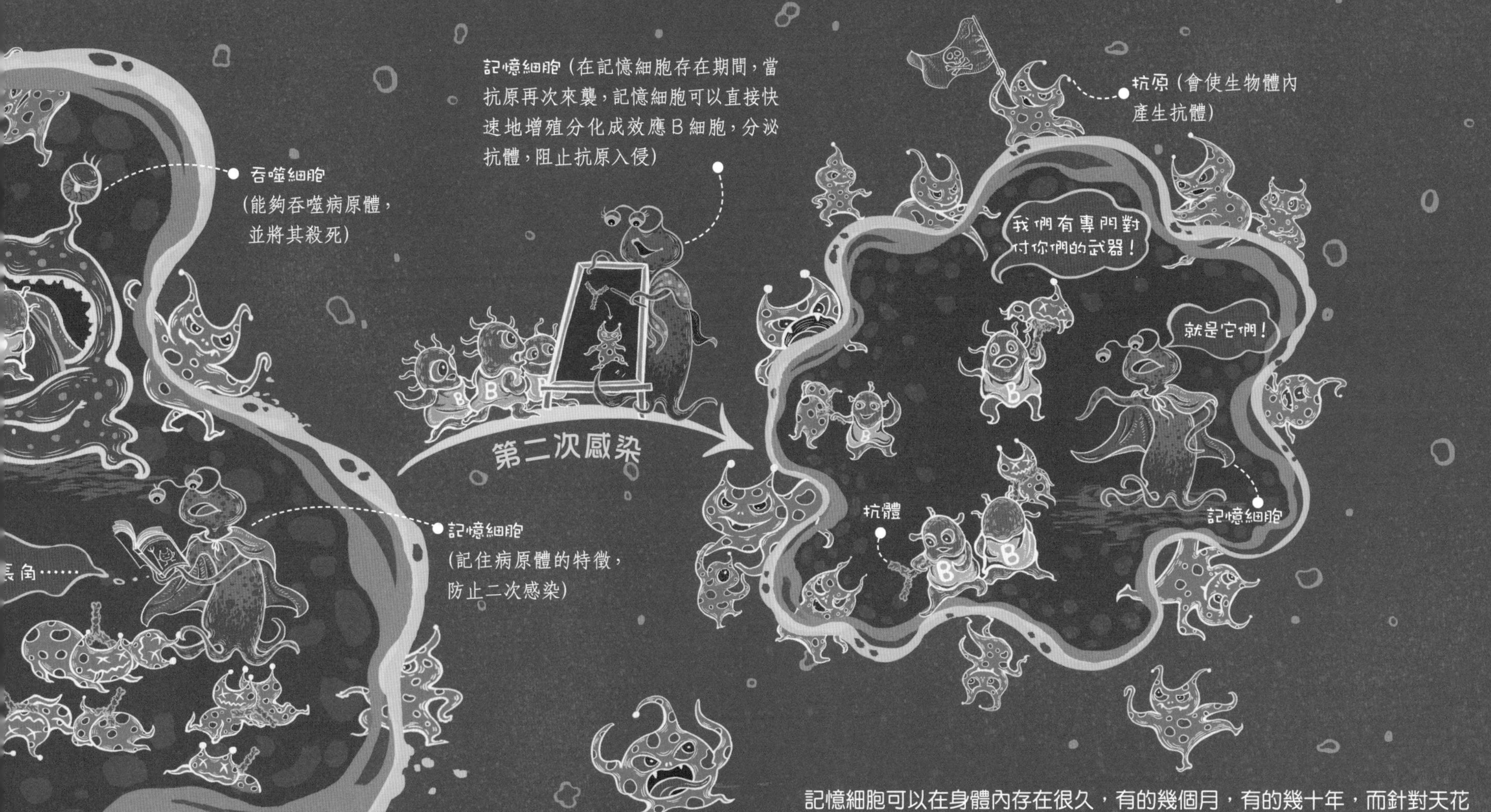

記憶細胞可以在身體內存在很久，有的幾個月，有的幾十年，而針對天花的記憶細胞可以終身存在，所以接種過牛痘或人痘的人以後都不會再患天花了，這種情況就叫作免疫，類似牛痘和人痘的病原體就叫作疫苗。牛痘之所以比人痘更好，是因為牛痘更加安全。

利用抗體的特性，人們發明了很多用於預防各種重大疾病的疫苗。比如狂犬病、白喉、破傷風等，都可以通過及時接種疫苗來達到免疫效果。

為甚麼會生病

列文虎克早在 17 世紀就依靠顯微鏡對微觀世界有所了解了，可惜他的工作在當時沒能引起重視，到了 19 世紀，在細胞學說產生之後，細菌理論才終於初露端倪。

在細菌理論真正誕生之前，已經有少部分醫生意識到他們自身不僅是疾病的治癒者，還可能是疾病的傳播者，因為醫生發現，在醫院分娩的女性會大批因為某種傳染病死去，在家裏分娩的女性卻很少得這種病。當醫生們開始用強化學溶液洗手後，得這種傳染病的人明顯減少了很多。不過，他們並不知道這是怎麼回事。

真正對細菌有研究的人是法國科學家巴斯德。巴斯德發現疾病是可以傳染的，並且是由寄生的微生物引起的，他將這種微生物稱為細菌。

因為細菌是單細胞生物，所以細菌的身體構造就是一個細胞的構造。

姓　名	路易斯·巴斯德
性　別	男
生卒年	1822－1895
國　籍	法國
主要成就	對細菌的研究；創立巴氏消毒法；發明狂犬病疫苗

細胞壁（保護細菌）

莢膜（保護細菌不被吞噬，並能黏到某些細胞的表面）

質粒（存在於細胞質中的 DNA 分子，攜帶着遺傳信息，並且擁有自主複製的能力）

細胞膜

細胞質基質（細胞質中半透明的膠狀物質）

鞭毛（細菌的運動器官）

菌毛（比鞭毛更細、更短，並且又直又硬的細絲。不同細菌的菌毛擁有不同的作用）

核糖體（為細菌合成蛋白質）

擬核（細菌細胞的核心區域，含有遺傳信息）

細菌

細菌根據外形的不同，可以分為三種：球菌、桿菌和螺旋菌。

球菌的外形是球形或者近似球形。

桿菌的外形是圓柱形或者橢圓卵形。

螺旋菌的外形是長條彎曲狀或者螺旋狀。

巴斯德發現，細菌是導致傳染病的原因。在長時間的研究下，他想出了各種解決傳染病的方法，比如當時有很多蠶得了「胡椒病」，巴斯德就告訴人們要檢查哪些蛾（蠶成年後變成蛾）生病了，不要用這些病蛾來孵化蠶寶寶，成功遏制了胡椒病的蔓延。巴斯德的研究給人們帶來了啟發，那就是避免傳染。現代醫生做手術都要戴手套就是為了避免傳染。

隨着對細菌研究的深入，巴斯德發現不同的細菌有不同的生存環境，如果對其進行一些特殊處理，就會降低它們的致病能力。如果將處理過後的狂犬病病菌提前注射給可能得狂犬病的人，這個人體內就會產生抗體，從而對狂犬病免疫，巴斯德因此發明了狂犬病疫苗！（狂犬病是由病毒引起的，不是細菌，但巴斯德當年並不知道。）

細菌不僅會導致生物體生病，還會導致食物變質。那時候，法國的啤酒和葡萄酒在歐洲很有名，但不知道為甚麼，生產好的酒常常會變酸變質，酒商們因此損失慘重。有人找到巴斯德，請求他解決這個問題。巴斯德研究後發現，沒有變質的酒中有圓球形狀的酵母菌，而變質後的酒中有細棍形狀的乳酸桿菌，就是乳酸桿菌導致了酒變質。只要消滅了這些乳酸桿菌，就可以防止酒變質。高溫可以殺菌，但過高的溫度同樣會改變食物的品質。經過反覆實驗，巴斯德找到一種簡單的方法——把酒放到五六十攝氏度的環境中半小時以上，就可以殺死酒裏的乳酸桿菌。而這就是我們現在仍舊沿用的巴氏殺菌法，也叫巴氏消毒法。

不過，不是所有細菌都對生物體有害，其實絕大部分細菌都是無害的，甚至還有一部分是有益的。巴斯德發現的酵母菌可以使食品發酵，麵包和饅頭就是發酵後的麪製作而成的，他發現的乳酸桿菌對人體有益，可以維護人體的健康，調節免疫功能，現在超市賣的酸奶就含有這種細菌。

姓名 斯坦利
性別 男
生卒年 1904－1971
國籍 美國
主要成就 發現病毒結構

會給生物體帶來疾病的物質除了細菌，還有一種更加微小的東西，叫作病毒。1898 年，一位荷蘭科學家在研究煙草花葉病的病原體時，發現並命名了病毒，但他認為病毒是液體。直到 1935 年，美國科學家斯坦利才帶領人們看清了病毒的真正面貌，那是一種比細胞還小的微粒。

與細胞不同，病毒並沒有自主分裂繁殖的能力，但它們寄宿在細胞內，利用細胞的營養物質來繁殖增加自己的同類，我們稱這個過程為「增殖」。

需要注意的是，病毒不是細胞，它們的結構非常簡單，主要由內部的遺傳物質和外部的蛋白質外殼組成。

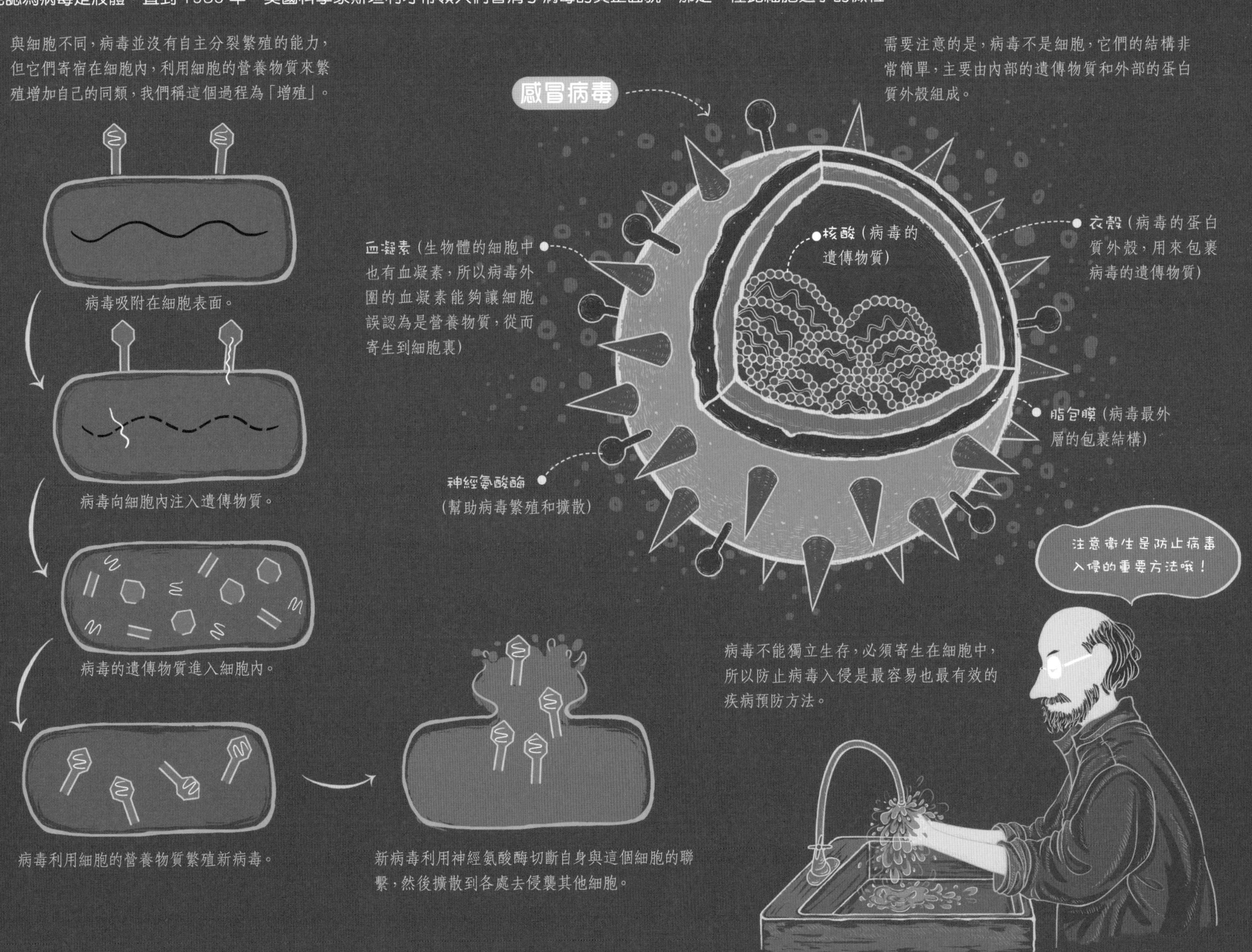

病毒不能獨立生存，必須寄生在細胞中，所以防止病毒入侵是最容易也最有效的疾病預防方法。

與疾病戰鬥

隨着人們對細菌研究的深入，不但發現了各種各樣的細菌，也查清了這些細菌能夠導致甚麼樣的疾病，於是，一場針對細菌的戰鬥轟轟烈烈地展開了。在這場戰鬥中，最著名的要數抗生素的發現。

1928 年的一天，英國科學家弗萊明回到實驗室清洗細菌培養皿（一種專門用來培養和觀察各種細菌的容器），但一塊不尋常的霉斑吸引了他的注意。培養皿中的細菌原本是葡萄球菌，那是一種容易引發傳染病的常見細菌，讓弗萊明不解的是，這塊新出現的霉斑周圍存在一片沒有葡萄球菌的區域，這說明霉斑具有殺死葡萄球菌的功效！

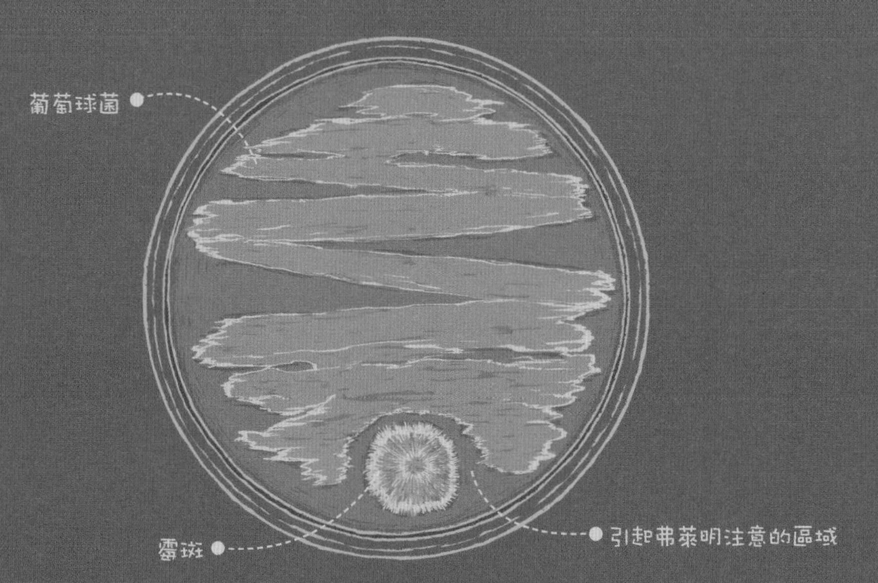

後來弗萊明將這塊霉斑小心地保存下來並繼續培養。經其研究後發現，這種霉斑可以殺死很多致病細菌。這種霉斑就是青霉菌，從中提取出來的物質叫作青霉素，是人類發現的第一種抗生素。可惜弗萊明提煉的青霉素不夠純，沒能真正應用於治療疾病。直到 1938 年，兩位科學家再次對青霉素進行研究，解決了青霉素不能大量生產的問題。隨着第二次世界大戰的爆發，青霉素受到了極大的重視，最終才得以廣泛應用，結束了傳染病幾乎無法治癒的時代。

抗生素是由微生物或某些動植物在生活過程中產生的特殊自然物質，這種物質具有抗菌作用。青霉素的發現鼓舞了人們與細菌戰鬥的士氣，一時間，科學家們都在努力尋找自然界存在的其他抗生素，並且陸續發現了能夠治癒結核病的鏈霉素、能夠治癒輕度感染的氯霉素等。不過，抗生素究竟是怎麼殺死細菌的呢？

姓名：亞歷山大·弗萊明
性別：男
生卒年：1881－1955
國籍：英國
主要成就：發現青霉素

目前發現的抗生素已經有上萬種，不同的抗生素通過不同的方式殺死細菌。不過總體來說，抗生素殺菌就是針對細菌細胞中存在，而人體細胞內不存在或與其不同的結構來起作用的。

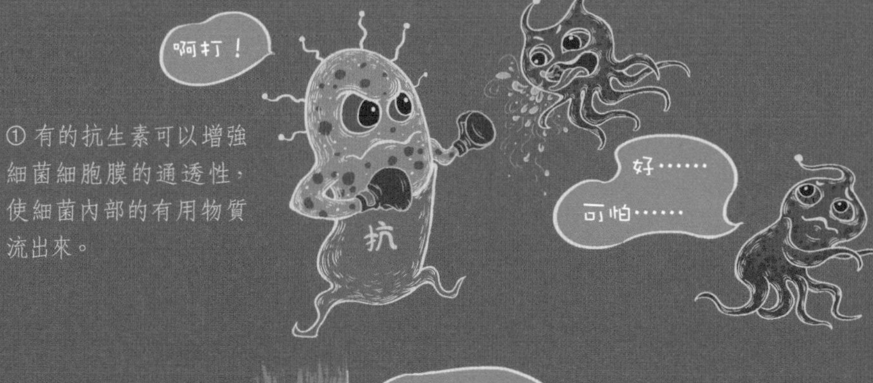

① 有的抗生素可以增強細菌細胞膜的通透性，使細菌內部的有用物質流出來。

我的衣服呢？
抗

② 由於人體細胞沒有細胞壁，有的抗生素可以阻止細菌形成細胞壁，使細菌膨脹破裂，青霉素就屬於這種。

③ 有的抗生素可以抑制細菌合成 DNA，導致細菌無法繁殖。

DNA 被偷了都沒發現，真笨！
DNA
抗

④ 由於細菌的核糖體與人體的核糖體不同，有的抗生素可以抑制只存在於細菌核糖體中的某些物質，從而阻止細菌合成蛋白質。

沒有「蛋」還怎麼合成蛋白質啊……
抗
抗
抗

抗生素強力的抗菌效果，使人類在與細菌的戰鬥中佔據了優勢。但是，就像人類對曾經遇到過的病菌會產生抗體一樣，經常使用抗生素也使某些細菌有了抗藥性。

① 有的細菌可以改變細胞膜的特性，使抗生素無法進入。

② 有的細菌可以產生使抗生素失去抗菌效果的物質。

③ 有的細菌可以進行修飾，改變抗生素起重要作用的部分，使抗生素無法發揮作用。

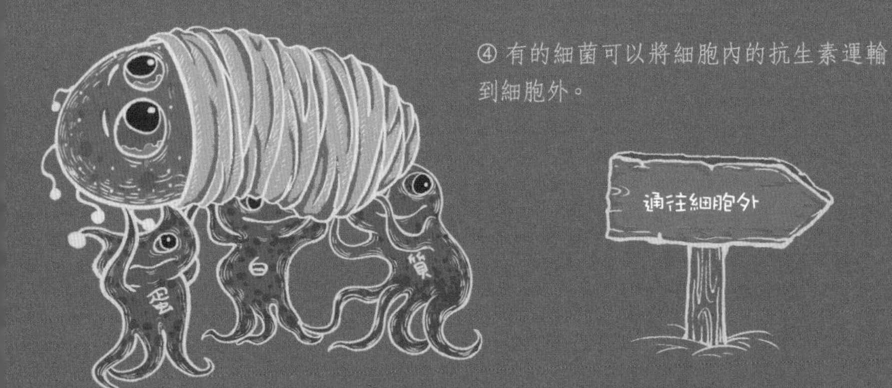

④ 有的細菌可以將細胞內的抗生素運輸到細胞外。

然而，從 20 世紀 40 年代開始，人們過分依賴抗生素強勁的抗菌效果，出現了濫用抗生素的情況，這種情況在中國尤其嚴重。濫用抗生素的後果就是使細菌產生了抗藥性，所以如果下次再患上同樣的疾病，就不得不使用更強的抗生素，而這又會使細菌產生更強的抗藥性，惡性循環下去，最終會產生所有抗生素都無法控制的超級細菌。

抗生素本身對人體就有很強的副作用，濫用抗生素會對人體健康造成有害影響，甚至引發某些疾病。不僅如此，隨着排出體外的抗生素越來越多，我們周圍的環境已經被抗生素「污染」，這樣一來，在這些環境中成長的動植物和人類都會成為抗生素污染的下一個環節，使人們在不知不覺中吃下更多抗生素，從而加重細菌耐藥性的惡性循環。長此以往，我們的疾病將無藥可醫。

電與磁

姓　名 彼得·馬森布洛克
性　別 男
生卒年 1696－1761
國　籍 荷蘭
主要成就 發明萊頓瓶
把電裝到瓶子裏。
我被電擊了！成功了！
姓　名 本傑明·富蘭克林
性　別 男
生卒年 1706－1790
國　籍 美國
主要成就 證實閃電的本質是電；發明避雷針
有電了！
姓　名 亞歷山德羅·伏特
性　別 男
生卒年 1745－1827
國　籍 意大利
主要成就 發明伏打電堆
V
X
R
電塔（架起電線和保護電線的鐵塔）
電線（運輸電的線）
變壓器（把電壓降低到適合家庭使用的程度）

泰利斯作為科學的鼻祖，在很多方面都開了個好頭。早在公元 600 年，泰利斯就發現摩擦後的琥珀能夠吸引羽毛。當時的人們無法對此做出解釋，不過卻給這個現象起了個沿用至今的名字：電。

泰利斯發現的電是靜電，摩擦產生的靜電現象在生活中非常常見，尤其是在乾燥的秋冬季節：脫毛衣時噼啪作響的電火花、被梳理的頭髮反而炸開了花、和別人握手時不小心被電了一下……1745 年，荷蘭科學家彼得．馬森布洛克發明了可以儲存靜電的萊頓瓶，人們由此開始了對電的探索。

為了對電進行探索，有許多科學家為此不懈努力，美國科學家富蘭克林就是其中的佼佼者。1752 年，富蘭克林進行了著名的「風箏實驗」，證實了天空中的閃電與人工摩擦後的靜電是完全相同的東西，也就是電。富蘭克林研究了閃電放電的原理，並依此發明了避雷針。

1800 年，意大利科學家伏特用兩種金屬片與被鹽水浸濕的紙片疊加到一起，一層又一層，一直疊加了 10 層、20 層，甚至 30 層，之後便產生了流動的電，也就是電流。疊加得越高，電流越強，而促使電流流動的東西就是電壓。這個裝置被稱為伏打電堆，可以看作是最早的電池。伏打電堆使人們不再受限於靜電和閃電，而且讓人們認識到了電流和電壓等。

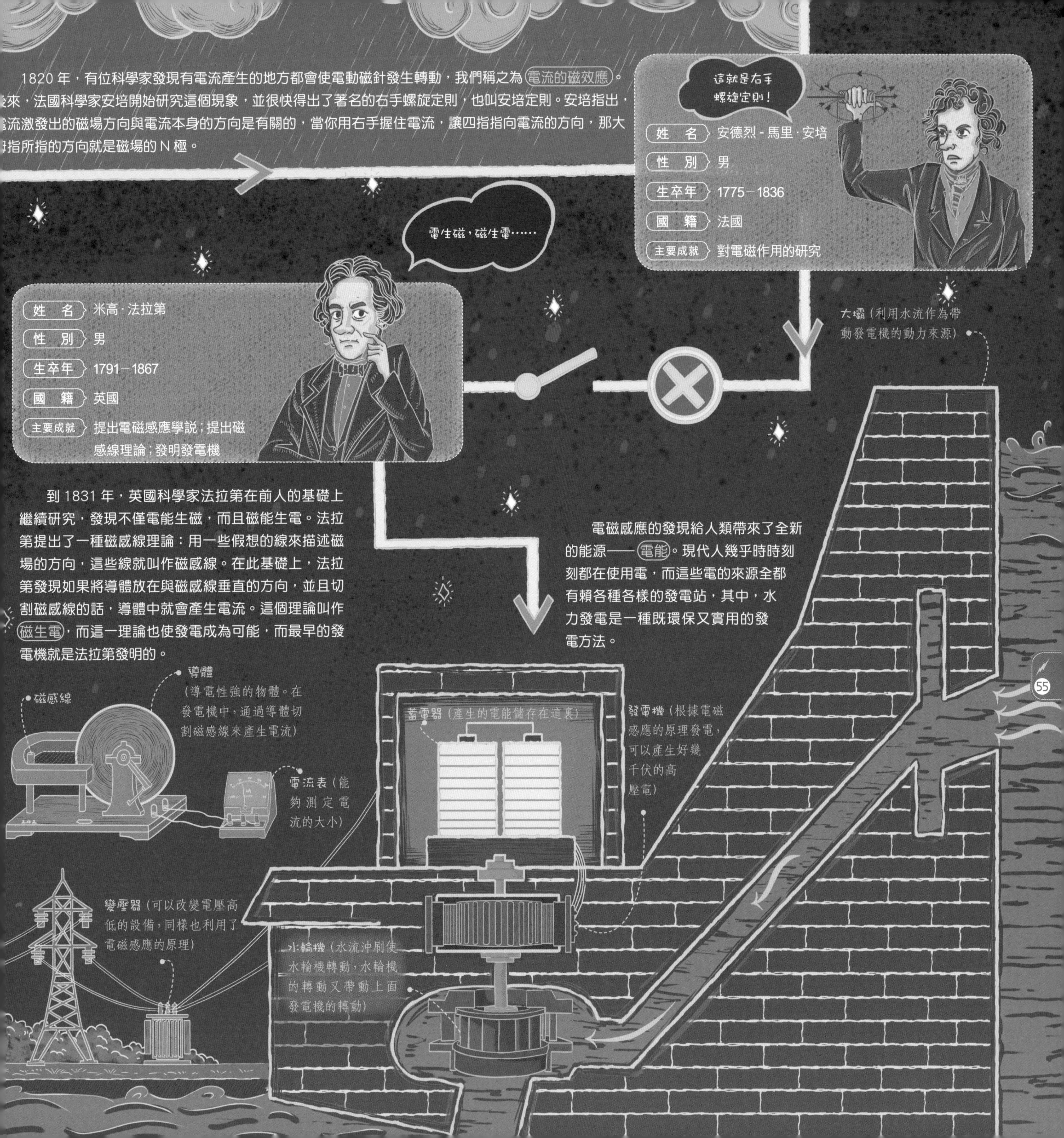

1820 年，有位科學家發現有電流產生的地方都會使電動磁針發生轉動，我們稱之為電流的磁效應。後來，法國科學家安培開始研究這個現象，並很快得出了著名的右手螺旋定則，也叫安培定則。安培指出，電流激發出的磁場方向與電流本身的方向是有關的，當你用右手握住電流，讓四指指向電流的方向，那大拇指所指的方向就是磁場的 N 極。

到 1831 年，英國科學家法拉第在前人的基礎上繼續研究，發現不僅電能生磁，而且磁能生電。法拉第提出了一種磁感線理論：用一些假想的線來描述磁場的方向，這些線就叫作磁感線。在此基礎上，法拉第發現如果將導體放在與磁感線垂直的方向，並且切割磁感線的話，導體中就會產生電流。這個理論叫作磁生電，而這一理論也使發電成為可能，而最早的發電機就是法拉第發明的。

電磁感應的發現給人類帶來了全新的能源——電能。現代人幾乎時時刻刻都在使用電，而這些電的來源全都有賴各種各樣的發電站，其中，水力發電是一種既環保又實用的發電方法。

這就是右手螺旋定則！
姓名 安德烈 - 馬里 · 安培
性別 男
生卒年 1775 – 1836
國籍 法國
主要成就 對電磁作用的研究
電生磁，磁生電……
姓名 米高 · 法拉第
性別 男
生卒年 1791 – 1867
國籍 英國
主要成就 提出電磁感應學説；提出磁感線理論；發明發電機
大壩（利用水流作為帶動發電機的動力來源）
磁感線
導體（導電性強的物體。在發電機中，通過導體切割磁感線來產生電流）
電流表（能夠測定電流的大小）
蓄電器（產生的電能儲存在這裏）
發電機（根據電磁感應的原理發電，可以產生好幾千伏的高壓電）
變壓器（可以改變電壓高低的設備，同樣也利用了電磁感應的原理）
水輪機（水流沖刷使水輪機轉動，水輪機的轉動又帶動上面發電機的轉動）

發明大王都發明了甚麼

在人類終於馴服電這頭「野獸」之後，利用電能的裝置也被大量發明出來，我們現在每天使用的電視、電話、電腦等，全都得依靠電能。而要說分佈最廣泛、最常見的電器，那就是能夠照亮黑暗的電燈，其發明者就是發明大王愛迪生。

從 1862 年開始，愛迪生改進了一台證券報價機，並將其賣給華爾街的一個公司。他本來想用 5000 美元的價格出售，但他還沒說出口，公司的負責人就說不能超過 40000 美元。當時的愛迪生只有 23 歲，他憑藉這個發明賺來的錢開了一家小公司，專注於發明各種新事物。

此後，愛迪生陸續發明了很多各式各樣的東西，總共有 2000 多種，並且擁有 1300 多項專利，成為名副其實的發明大王。

1878 年，愛迪生創立了愛迪生電燈公司，並在 1892 年與湯姆森 - 休斯頓電氣公司合併，成為通用電氣公司。這個公司一直持續到現在，已經成為世界上最大的提供技術和服務業務的跨國公司，也就是現在的美國通用電氣公司。

天才是 1% 的靈感和 99% 的努力。
姓名 托馬斯·阿爾瓦·愛迪生
性別 男
生卒年 1847－1931
國籍 美國
主要成就 兩千多項發明；創立通用電氣公司
愛迪生普用印刷機
(1869 年，愛迪生發明了印刷機)
錫箔筒式留聲機
(1877 年，愛迪生發明了留聲機)
碳化棉絲白熾燈 (愛迪生從 1878 年 9 月開始研究電燈，經過一個多月的反覆試驗，在試用了 1500 多種材料之後，終於成功研製出有使用價值的電燈)
鎳鐵鹼性蓄電池
(愛迪生發明了很多種可以充電的電池，其中鎳鐵電池是在 1902 年被發明的。因為清潔又安全，現在人們仍在使用這種電池)

當把留聲機和電影放映機結合起來之後，有聲電影就誕生了。1910 年，愛迪生發明了有聲電影。

愛迪生正在觀看《運動的馬》。

愛迪生在發明電燈後，發現碳絲總是很快就被電火的高溫給「蒸發」掉了，為了延長電燈的使用壽命，他想出了一個在燈泡內另外封入一根銅線的方法。雖然這個方法沒有成功，但在實驗過程中愛迪生發現，即使只加熱了碳絲，不相連的銅線內也有微弱的電流通過，後來這種現象被稱為愛迪生效應。

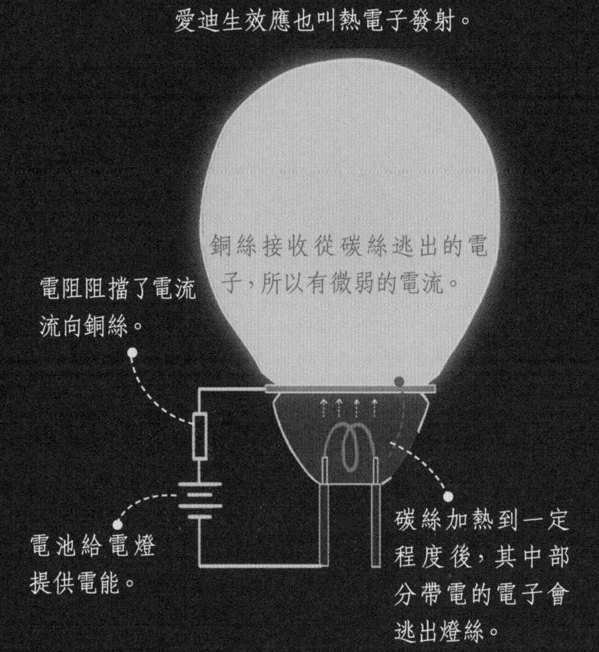

愛迪生效應也叫熱電子發射。
銅絲接收從碳絲逃出的電子，所以有微弱的電流。
電阻阻擋了電流流向銅絲。
電池給電燈提供電能。
碳絲加熱到一定程度後，其中部分帶電的電子會逃出燈絲。

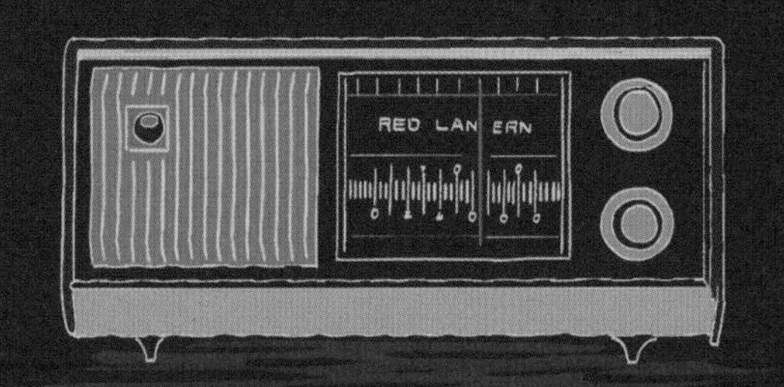

根據愛迪生效應，1904 年，英國科學家弗萊明發明了電子管（也叫二極管）。電子管可以將電信號放大，後來人們又製成了三極管，並以此促成了無線電廣播的產生。

活動電影放映機

(1891 年，愛迪生發明了活動電影放映機，人們可以通過小孔欣賞拍攝好的運動圖像。雖然一次只能容許一個人觀看，但在當時還是震驚了全世界。人們不明白機器的原理，將其稱為「魔櫃」)

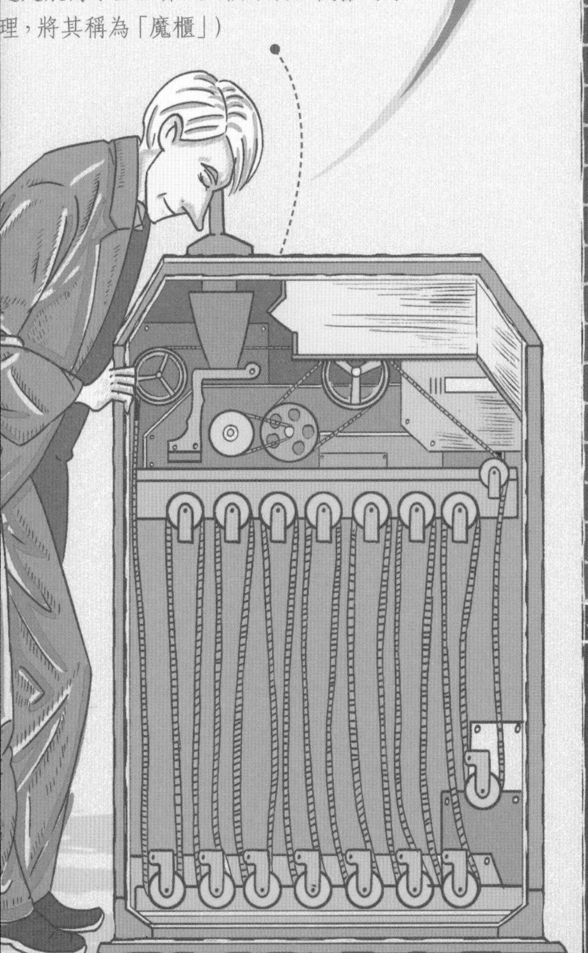

雖然愛迪生一生發明眾多，但他鍾情於無法改變大小和方向的直流電，他的各種發明所使用的也都是直流電。1886 年，一位叫作特斯拉的人從愛迪生的公司辭職，創建了特斯拉電燈與電氣製造公司，並且開始研究他更加看好的交流電（依據法拉第的電磁感應原理），並因此創造了多項發明，成為愛迪生公司的最大競爭對手。歷史證明了交流電的優勢，最終交流電戰勝了直流電，成為供電主流。我們現在日常生活中使用的電大多是交流電。

交流電的電流大小和方向是會不停地做週期性變化的。由於電流大小可以正反改變，就可以根據所需功耗來提供恰當的能量，這樣能夠節省不少損耗，所以我們在生活中大多使用交流電。

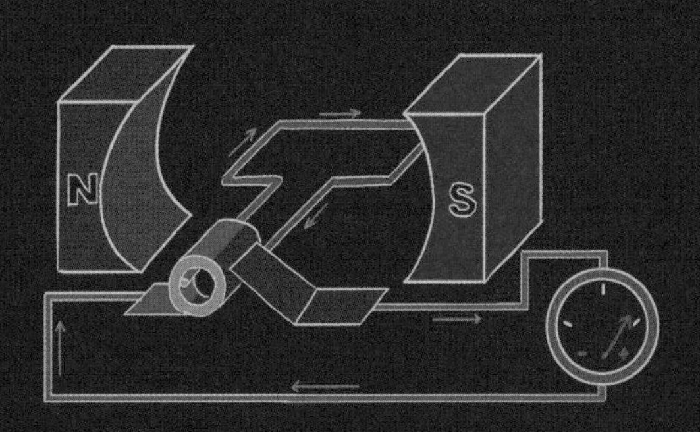

直流電非常穩定，電流大小和方向都不會變化。也就是說，無論需要多大的功耗，直流電供應的電流大小不變，多餘的電就被浪費了。現在，一些需要穩定電流的控制系統依舊使用直流電。

相對的世界

有一列火車在以一定的速度前進，某節車廂裏有三個人，而你站在站台上看着這一切。你看到因為火車在遠離你，所以車廂裏的三個人也在以同樣的速度遠離你，可是對於車廂裏的三個人來說，他們卻一步也沒有移動。如果我們把眼光放遠一些，從太空中看的話，在地球上運行的火車不僅擁有自身運行的速度，還得加上地球轉動的速度；對於太陽系其他星球上的觀察者來說，火車的速度成了自身速度、地球自轉速度和地球公轉速度的疊加；而對於太陽系外的觀察者來說，還得在此基礎上加上整個太陽系圍繞銀河系中心旋轉的速度……雖然是同一列火車，保持着不變的速度，但處於不同位置的觀察者卻得出了完全不同的結論，並且誰都沒有錯，這就是相對論。

其實，愛因斯坦就在這節前進的車廂裏，並且發生了一些有趣的事。

① 首先，愛因斯坦走到車廂正中央，並且掏出了打火機。

② 與此同時，車頭和車尾各走來一個人，面對着中間的愛因斯坦。此刻，愛因斯坦點燃了打火機。

③ 光的傳播也是需要時間的，但是由於距離相等，車廂兩端的人是同時看到打火機中的火光的。

④ 我們換個角度來看待這一切。假設在愛因斯坦站在車廂中間的時候，你正好站在車廂外的站台上，並且看到了這一切。

⑤ 愛因斯坦點燃了打火機，同時，火車也在一刻不停地離你遠去。

⑥ 從你的角度看去，因為火車前行，車尾是迎着火光前行，而前行的車頭其實是在往遠離火光的方向移動，所以在你看來，是車尾的人先看到火光，車頭的人後看到火光，而不是同時看到的。

相對論最神奇的地方在於，它完全改變了我們對世界的認知。在火車的例子中，兩種結論都是對的，之所以不同，是因為觀察者所處的位置不同，這就是相對論：現實取決於你的位置。

真的是6嗎？把書反過來試試。

相對論與我們以往所知的理論不同，有一個重要的原因是對時間的奇特認知。愛因斯坦認為，時間是有彈性的，並且和空間密不可分，我們稱之為時空。更神奇的是，時空也是有彈性的，並且可以彎曲變形，而甚麼可以導致時空彎曲呢？那就是質量，尤其是大質量的物體，比如太空中的恆星，並且質量越大，造成的時空彎曲程度就越高。

因為大質量的太陽引起了太陽系的時空彎曲，所以我們看到地球等行星圍繞着太陽轉動，又因為地球的質量引起了時空彎曲，所以我們看到月球圍繞着地球轉動。事實上，它們都是在走直線。

我們不妨把時空比作水面。今天風平浪靜，愛因斯坦決定朝着遠方直線划船，可是突然，水面出現了一個大洞，水都流到了這個洞裏，愛因斯坦雖然依舊在按照直線前行，但他已經被水流「拽」到了大洞邊緣。時空彎曲就是這樣，平直的水面就是平直的時空，大洞就像宇宙中的大質量星球（比如太陽），使自身所處之處的時空發生彎曲，包括將「直線」彎曲。

一路向北……

怎麼回事，我明明就是按照直線前行的呀！

姓名	阿爾伯特·愛因斯坦
性別	男
生卒年	1879－1955
國籍	美國
主要成就	提出光量子假說；創立相對論

在科學方面，相對論給科學家們提供了全新的宇宙觀；在生活方面，相對論給人們帶來了更加便利的生活，其中最普遍的一個應用就是全球衛星定位系統。我們外出時使用的地圖導航，之所以能夠時時刻刻得知我們的位置，就是因為科學家根據相對論調整了人造衛星上的精確計時設備，以達到準確的實時定位。

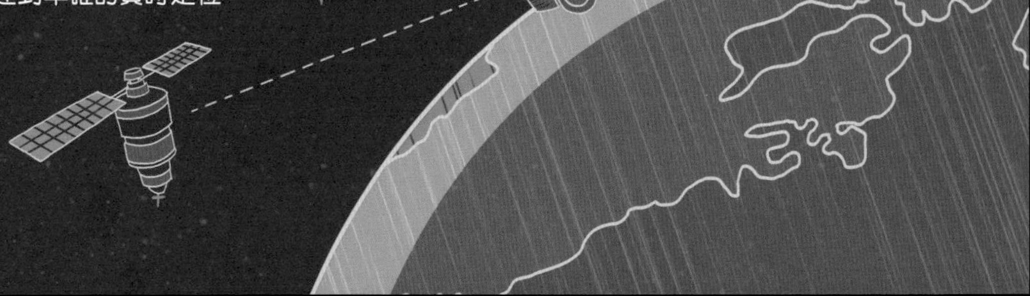

小原子，大能量

古希臘時期，有早期的科學家提出了有關原子的概念。當時的人們認為萬物的本原是不可分割的原子和空曠的虛空，原子可以在虛空中活動，當原子與原子結合起來，就會產生各種各樣的物質，原子分離之後，物質就會消失。這就是最原始的原子論。

人們對原子的了解過程是真正一步一個腳印堆砌出來的，古希臘的原子論一直到 1803 年才被打破——英國科學家道爾頓提出了真正的原子學說。

道爾頓提出，原子是不能再被分割的實心小球，不同元素的原子是不同的，並且提出了原子在化學反應中擔任的角色。現代化學將原子視為化學變化中的最小微粒就是從這裏開始的。

道爾頓認為，化合物是兩種或兩種以上元素的原子組成的，而化學反應就是不同原子的分離、結合和重新組合。

姓　名	約翰·道爾頓
性　別	男
生卒年	1766－1844
國　籍	英國
主要成就	提出原子學說

在道爾頓之後的很長時間內，大約將近一個世紀，人們都認為原子無法再分割，幸運的是，1890 年英國科學家湯姆遜在原子內部發現了更小的物質：電子，並且在此基礎上提出了新的原子模型。

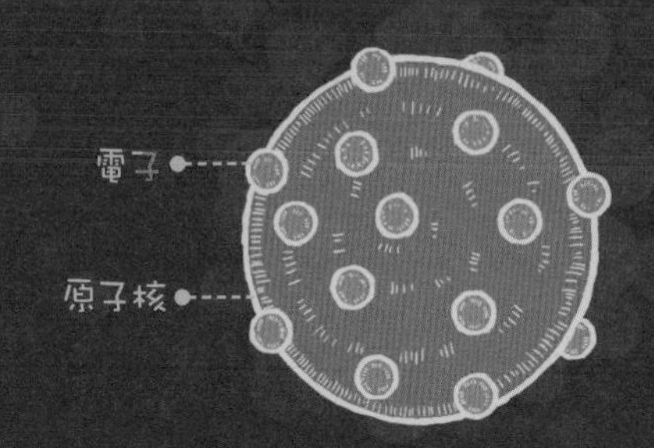

湯姆遜提出，原子並不是不可分割的，而是由原子核和電子構成的。其中，原子核帶正電，電子帶負電。

湯姆遜認為，雖然原子中有帶正電的部分，也有帶負電的部分，但原子作為一個整體是中性的，所以原子內包含的正電荷數目和負電荷數目是相等的。

姓　名	約瑟夫·約翰·湯姆遜
性　別	男
生卒年	1856－1940
國　籍	英國
主要成就	發現電子

1906 年，英國科學家盧瑟福發現原子內部存在一個又重又小並且帶着正電的新結構，就是我們現在所知的真正的原子核。

盧瑟福提出，原子內部的大部分空間都是空的，只是中央有一個原子核，電子在外圍隨意地圍繞原子核運轉，就像行星圍繞着太陽轉一樣。幾年後，盧瑟福又發現原子核是由質子和中子組成的。

電子運轉軌道

原子核

電子

盧瑟福也認為，電子帶負電，原子核帶正電。原子核的體積雖然很小，但是很重，幾乎等於整個原子的重量。

姓　名	歐內斯特·盧瑟福
性　別	男
生卒年	1871－1937
國　籍	英國
主要成就	發現原子核和質子

盧瑟福的理論看起來已經很完善了，但是電子隨意地圍繞原子核運轉卻不那麼有說服力。因為按照盧瑟福的原子模型運轉，高速運轉的電子在不停地向外發射能量，最終會因為能量損失而落到原子核上，使整個原子變得很不穩定，但現實中的原子是很穩定的。

1913 年，丹麥科學家玻爾提出了新的原子模型，解決了盧瑟福原子模型的缺陷。

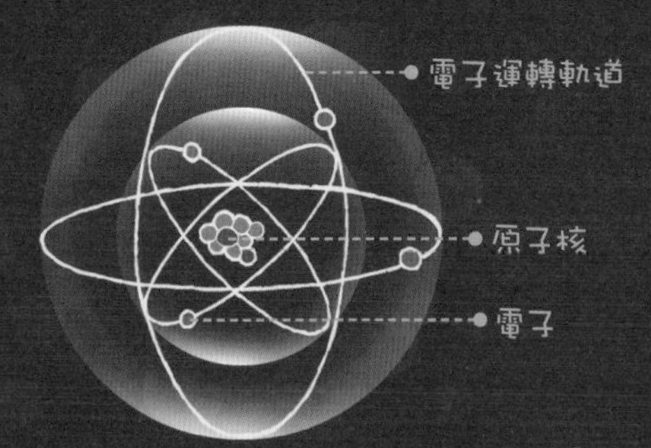

玻爾認為，電子並不是隨意運轉的，而是沿着一些特定的軌道運轉，運轉的時候不吸收也不發射能量，但有時會從一個軌道跳躍到另一個軌道上，這時候就會發射或者吸收能量了。

姓　名	尼爾斯·玻爾
性　別	男
生卒年	1885－1962
國　籍	丹麥
主要成就	玻爾原子模型

核聚變
一個質量較小的原子核
另一個質量較小的原子核
組合在一起
形成新的原子核
釋放出巨大的能量
釋放出一些中子
核裂變
移動的中子遇到質量較大的原子核
原子核體積變大
被中子擊中後分裂
形成兩個新原子核
釋放出一些中子
釋放出巨大的能量

在化學實驗中，不同原子的組合、分離和重新組合就是各種各樣的化學反應；而在物理實驗中，不僅原子可以組合和分離，原子核也可以。

幾個原子核組合在一起，形成新的原子核，叫作核聚變。核聚變需要非常嚴格的外界條件（比如超高的溫度和超高的壓力），並且只能由質量比較小的原子核合成質量比較大的原子核。在核聚變的過程中，原子核的碰撞會釋放出大量的電子和中子，以及巨大的能量。

一個原子核分裂成兩個或多個新的原子核，叫作核裂變。進行核裂變的條件沒有核聚變那麼苛刻，不過需要發生裂變的原料大於一定的體積，但只能由質量比較大的原子核分裂成質量比較小的原子核。在核裂變過程中，原子核的分裂會釋放出幾個中子和巨大的能量。

不管是核聚變還是核裂變，都會釋放出巨大的能量，對這些能量加以利用，就給我們帶來了一種新的能源——核能。

核電站就是利用核能的一種形式：用核能來發電。

除此之外，人們最早對核能的利用其實是我們熟知的核武器——原子彈和氫彈。其中，原子彈是利用核裂變，氫彈是利用核聚變。這下你可知道原子彈和氫彈的區別了。

航海時代

從很久以前開始，人們就用圖畫的形式記錄所在地的城市、河流、山脈等，這就是最早的地圖。在西方，地圖起源於生活在兩河流域的蘇美爾人；在中國，地圖起源於大禹鑄造的九鼎。無論是哪種地圖，都會隨着人們活動範圍的擴大而得到擴大和修正，我們現在熟知的「七大洲」和「四大洋」，也都是前人歷盡艱險航行探索的結果。在這其中，有三位著名的航海家功不可沒，他們就是哥倫布、麥哲倫和達·伽馬。

姓名：克里斯托弗·哥倫布
性別：男
生卒年：1451－1506
國籍：意大利
主要成就：發現新大陸

姓名：費迪南·麥哲倫
性別：男
生卒年：1480－1521
國籍：葡萄牙
主要成就：率領船隊首次完成了環球航行

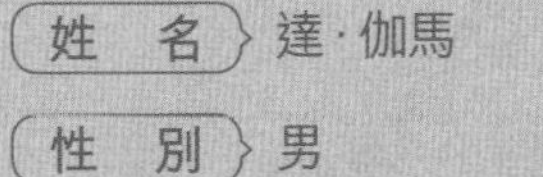

姓名：達·伽馬
性別：男
生卒年：1469－1524
國籍：意大利
主要成就：開拓了從歐洲繞過好望角到達印度的航線

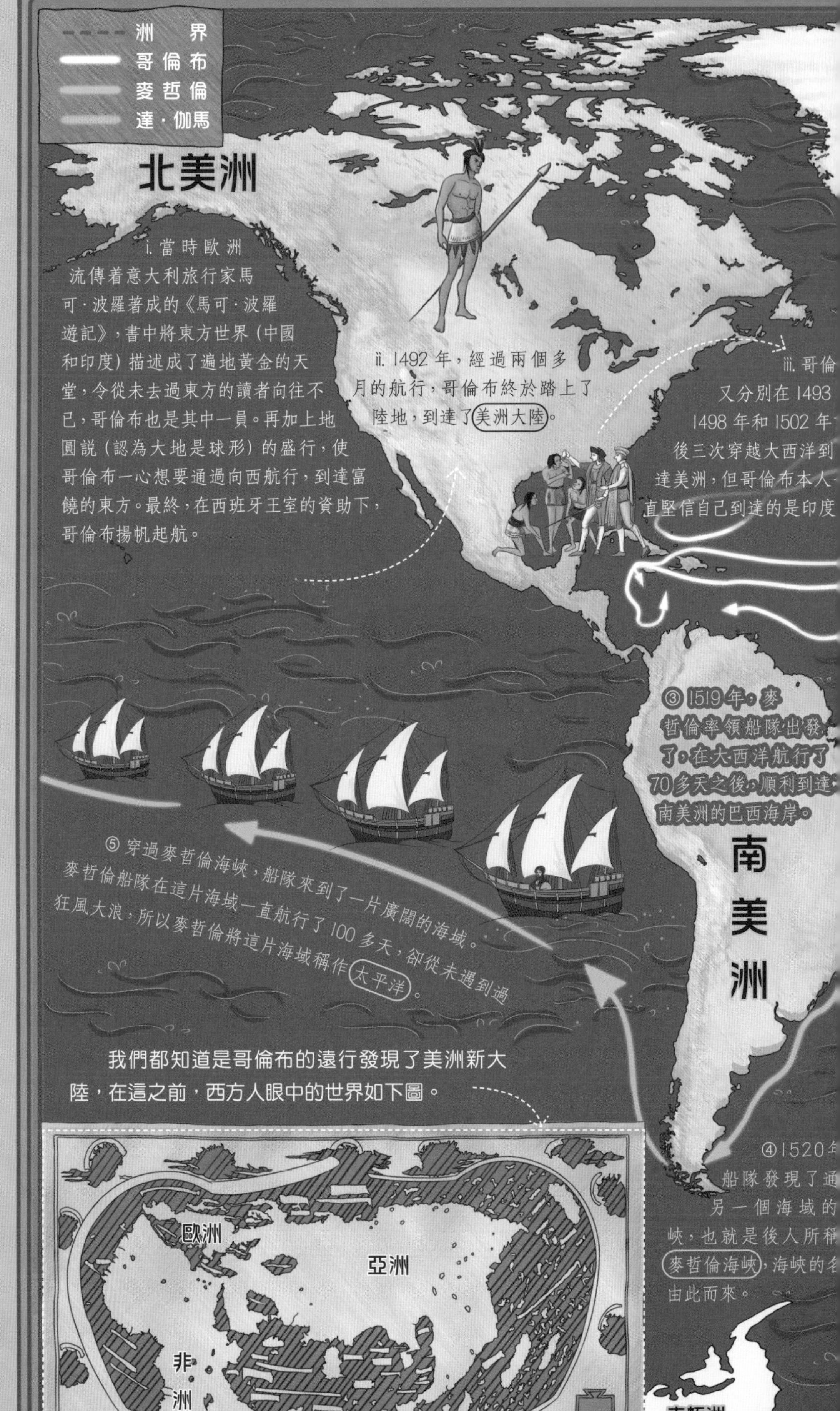

洲界
哥倫布
麥哲倫
達·伽馬
北美洲
i. 當時歐洲流傳着意大利旅行家馬可·波羅著成的《馬可·波羅遊記》，書中將東方世界（中國和印度）描述成了遍地黃金的天堂，令從未去過東方的讀者向往不已，哥倫布也是其中一員。再加上地圓說（認為大地是球形）的盛行，使哥倫布一心想要通過向西航行，到達富饒的東方。最終，在西班牙王室的資助下，哥倫布揚帆起航。
ii. 1492 年，經過兩個多月的航行，哥倫布終於踏上了陸地，到達了美洲大陸。
iii. 哥倫
又分別在 1493
1498 年和 1502 年
後三次穿越大西洋到
達美洲，但哥倫布本人
直堅信自己到達的是印度
③ 1519 年，麥
哲倫率領船隊出發
了，在大西洋航行了
70 多天之後，順利到達
南美洲的巴西海岸。
南美洲
⑤ 穿過麥哲倫海峽，船隊來到了一片廣闊的海域。麥哲倫船隊在這片海域一直航行了 100 多天，卻從未遇到過狂風大浪，所以麥哲倫將這片海域稱作太平洋。
④1520
船隊發現了通
另一個海域的
峽，也就是後人所
麥哲倫海峽，海峽的
由此而來。
南極洲
我們都知道是哥倫布的遠行發現了美洲新大陸，在這之前，西方人眼中的世界如下圖。
歐洲
亞洲
非洲

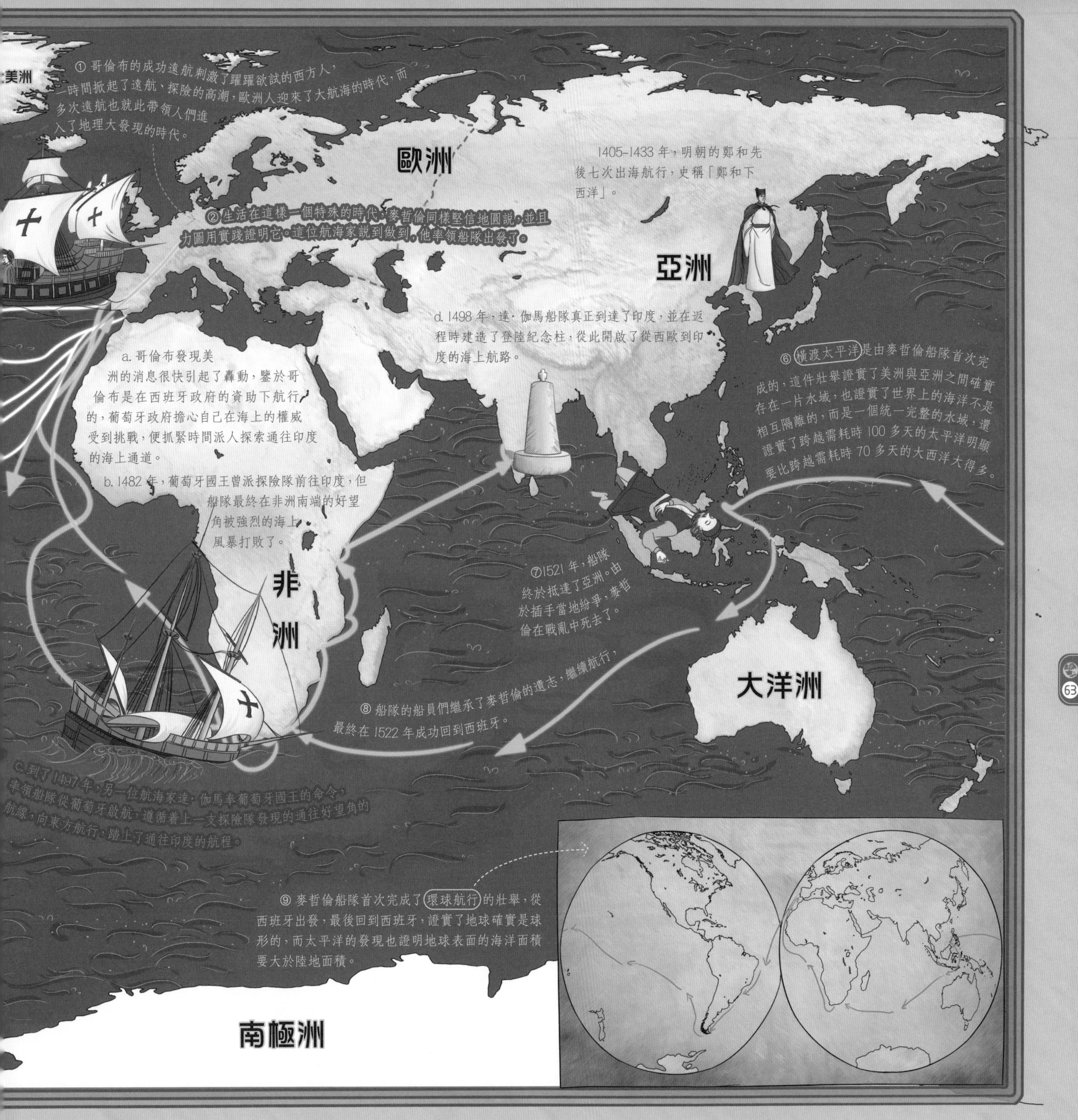

美洲
① 哥倫布的成功遠航刺激了躍躍欲試的西方人，一時間掀起了遠航、探險的高潮，歐洲人迎來了大航海的時代，而多次遠航也就此帶領人們進入了地理大發現的時代。
歐洲
1405-1433 年，明朝的鄭和先後七次出海航行，史稱「鄭和下西洋」。
② 生活在這樣一個特殊的時代，麥哲倫同樣堅信地圓說，並且力圖用實踐證明它。這位航海家說到做到，他率領船隊出發了。
亞洲
d. 1498 年，達．伽馬船隊真正到達了印度，並在返程時建造了登陸紀念柱，從此開啟了從西歐到印度的海上航路。
a. 哥倫布發現美洲的消息很快引起了轟動，鑒於哥倫布是在西班牙政府的資助下航行的，葡萄牙政府擔心自己在海上的權威受到挑戰，便抓緊時間派人探索通往印度的海上通道。
⑥ 橫渡太平洋是由麥哲倫船隊首次完成的，這件壯舉證實了美洲與亞洲之間確實存在一片水域，也證實了世界上的海洋不是相互隔離的，而是一個統一完整的水域，還證實了跨越需耗時 100 多天的太平洋明顯要比跨越需耗時 70 多天的大西洋大得多。
b. 1482 年，葡萄牙國王曾派探險隊前往印度，但船隊最終在非洲南端的好望角被強烈的海上風暴打敗了。
⑦ 1521 年，船隊終於抵達了亞洲。由於插手當地紛爭，麥哲倫在戰亂中死去了。
非洲
大洋洲
⑧ 船隊的船員們繼承了麥哲倫的遺志，繼續航行，最終在 1522 年成功回到西班牙。
c. 到了 1497 年，另一位航海家達．伽馬奉葡萄牙國王的命令，率領船隊從葡萄牙啟航，遵循着上一支探險隊發現的通往好望角的航線，向東方航行，踏上了通往印度的航程。
⑨ 麥哲倫船隊首次完成了環球航行的壯舉，從西班牙出發，最後回到西班牙，證實了地球確實是球形的，而太平洋的發現也證明地球表面的海洋面積要大於陸地面積。
南極洲

漂移大陸

人們曾經堅信地球上的陸地堅不可摧，但科學的發展終究帶來了不同的答案：陸地在移動。時間回到 1910 年，德國科學家魏格納此時因為生病正躺在床上休息，無聊之際，他注意到掛在牆上的世界地圖，讓他倍感振奮的是，他發現大西洋兩岸（非洲西海岸和南美洲東海岸）的輪廓線非常吻合，好像它們原本就在一起似的，這讓魏格納有了一個驚人的想法，也許這兩塊大陸曾經連在一起，是後來才逐漸分裂的！

姓　名	阿爾弗雷德·魏格納
性　別	男
生卒年	1880－1930
國　籍	德國
主要成就	提出大陸漂移說

病癒後的魏格納開始為自己的想法尋求證據，他四處搜集資料，結果發現那些大陸海岸線上的山脈和巖石真的是對應的！就像一張被撕裂的紙還可以按照裂口合在一起一樣，他甚至還發現了地球上其他大陸之間也有類似的關聯。最後，魏格納提出了一個震驚科學界的觀點：地球上所有的大陸曾經是連在一起的，後來逐漸分裂並漂移到了現在的位置上。這就是我們熟知的大陸漂移說。

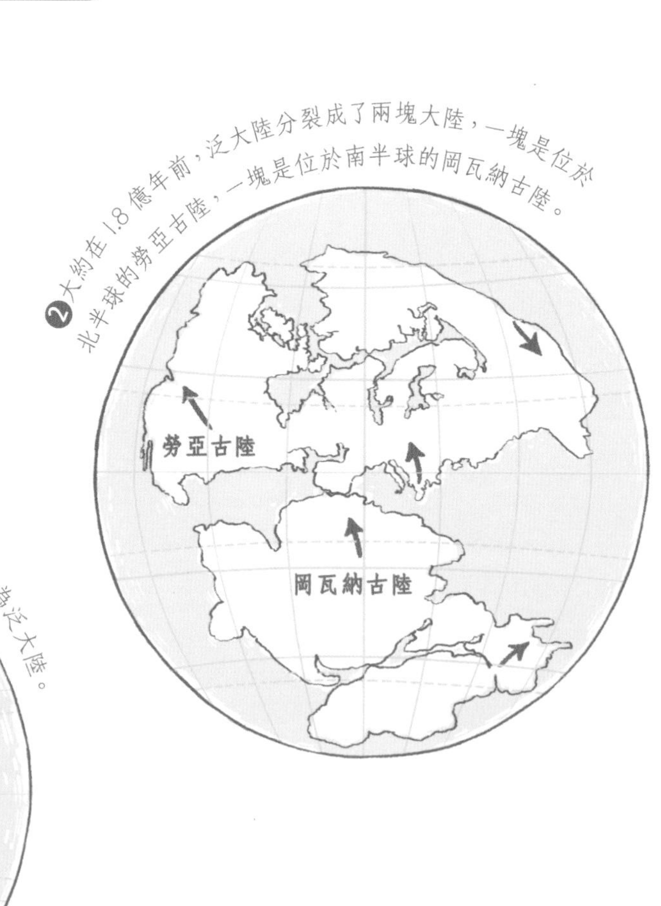

❷大約在 1.8 億年前，泛大陸分裂成了兩塊大陸，一塊是位於北半球的勞亞古陸，一塊是位於南半球的岡瓦納古陸。
勞亞古陸
岡瓦納古陸

❶大約在 2 億年前，地球表面的陸地是一個整體，我們稱之為泛大陸。

泛大陸

根據魏格納的大陸漂移說，人們試圖還原地球表面的大陸從一塊廣闊的大陸，逐漸分裂漂移到現在的過程。

❸大約在 1.35 億年前，兩塊大陸繼續分裂，並且朝着不同的方向漂移。

❹大約在 6500 萬年前，地球上的陸地佈局已經接近現代陸地的位置了。

❺現在的陸地位置。

亞歐大陸

北美大陸

南美大陸

澳大利亞大陸

南極大陸

魏格納力圖從科學角度對大陸漂移說做出解釋，可惜由於當時的科技水平有限，他沒能給出讓人滿意的答案，以至於大陸漂移說在當時備受冷落。60 年以後，有人提出了海底擴張說，這個學說也為大陸漂移說提供了解釋。

海底擴張說認為，從地球內部噴湧而出的地幔物質在噴出海底後逐漸冷卻，形成新的海底，隨着新海底的不斷擴張，陸地會被逐漸「推走」，從而導致了大陸漂移。

海底擴張還有一種情況：先形成的「舊」海底會到達海溝並且繼續向下俯衝，一直衝進地幔物質中，然後逐漸消亡，成為地幔物質的一部分，這時候大陸處於海底上方，所以不會向兩側漂移。

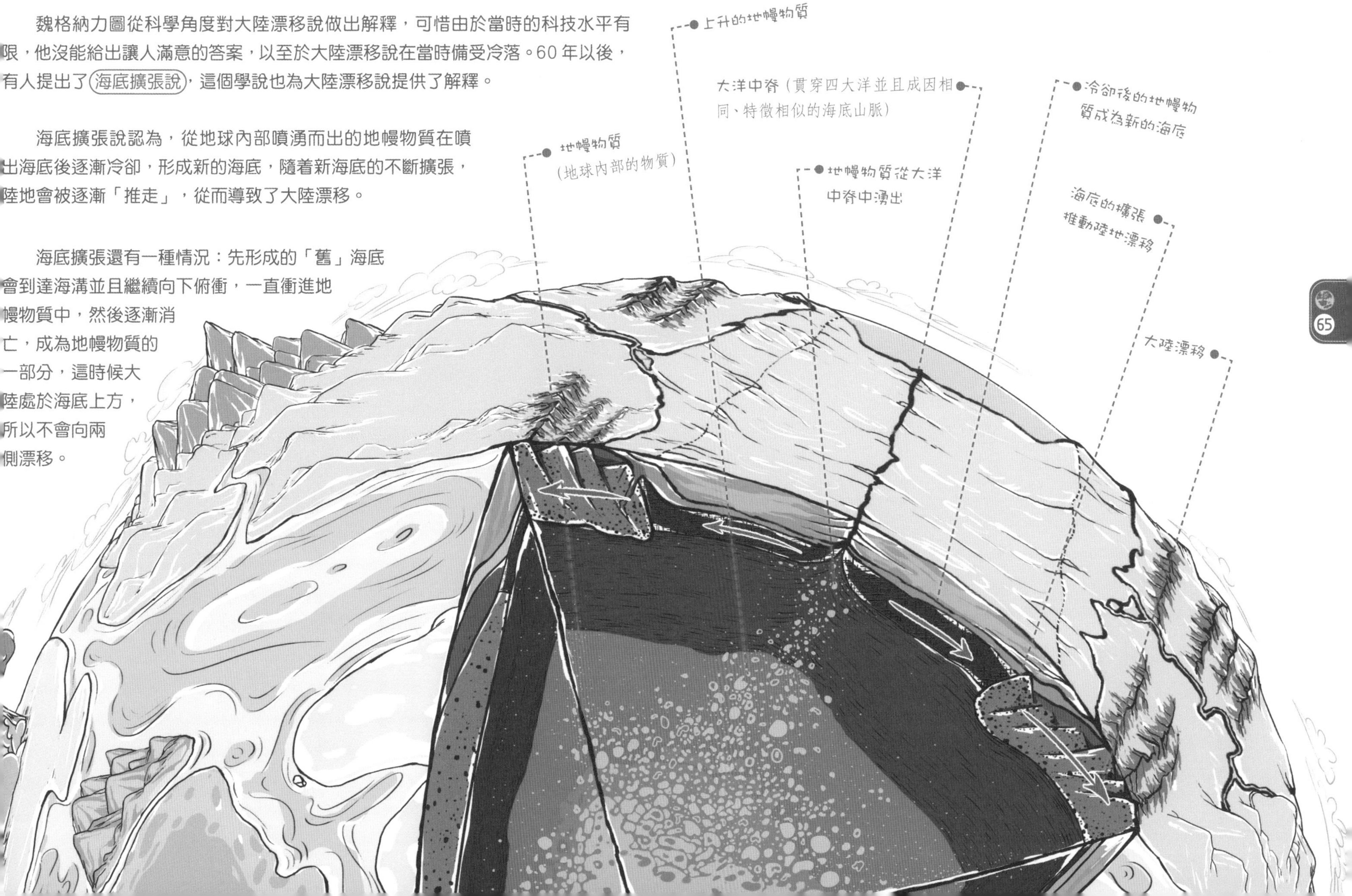

上升的地幔物質

大洋中脊（貫穿四大洋並且成因相同、特徵相似的海底山脈）

冷卻後的地幔物質成為新的海底

地幔物質（地球內部的物質）

地幔物質從大洋中脊中湧出

海底的擴張推動陸地漂移

大陸漂移

活躍的板塊

在大陸漂移學說和海底擴張學說之後，人們明白了，陸地確實在移動！值得慶幸的是，陸地的移動不是毫無章法的，而是有跡可循的。為了徹底搞清楚這種規律，科學家們通過大量的調查和研究，最終在前人的基礎上總結出了一個更加先進、更加完備的板塊構造學說。

板塊構造學說是由多位科學家在 1968 年聯合提出的，是對大陸漂移學說和海底擴張學說的發展延伸，也是現在最流行的地球構造理論。板塊構造學說認為，地球上的陸地和海洋（海底）不是一個整體，而是分割成了許多塊，我們稱之為「板塊」。雖然地球上有七大洲和四大洋，但其實只有六個板塊，分別是：亞歐板塊、非洲板塊、美洲板塊、太平洋板塊、印度洋板塊和南極洲板塊。這些板塊雖然相互獨立，但並不是隔開的，它們的交界處往往容易引發劇烈的地質活動，比如地震，這樣一來就直接影響了地球上地震和火山的分佈。我們從這張圖中就能看出板塊活動與地震、火山之間的關聯。

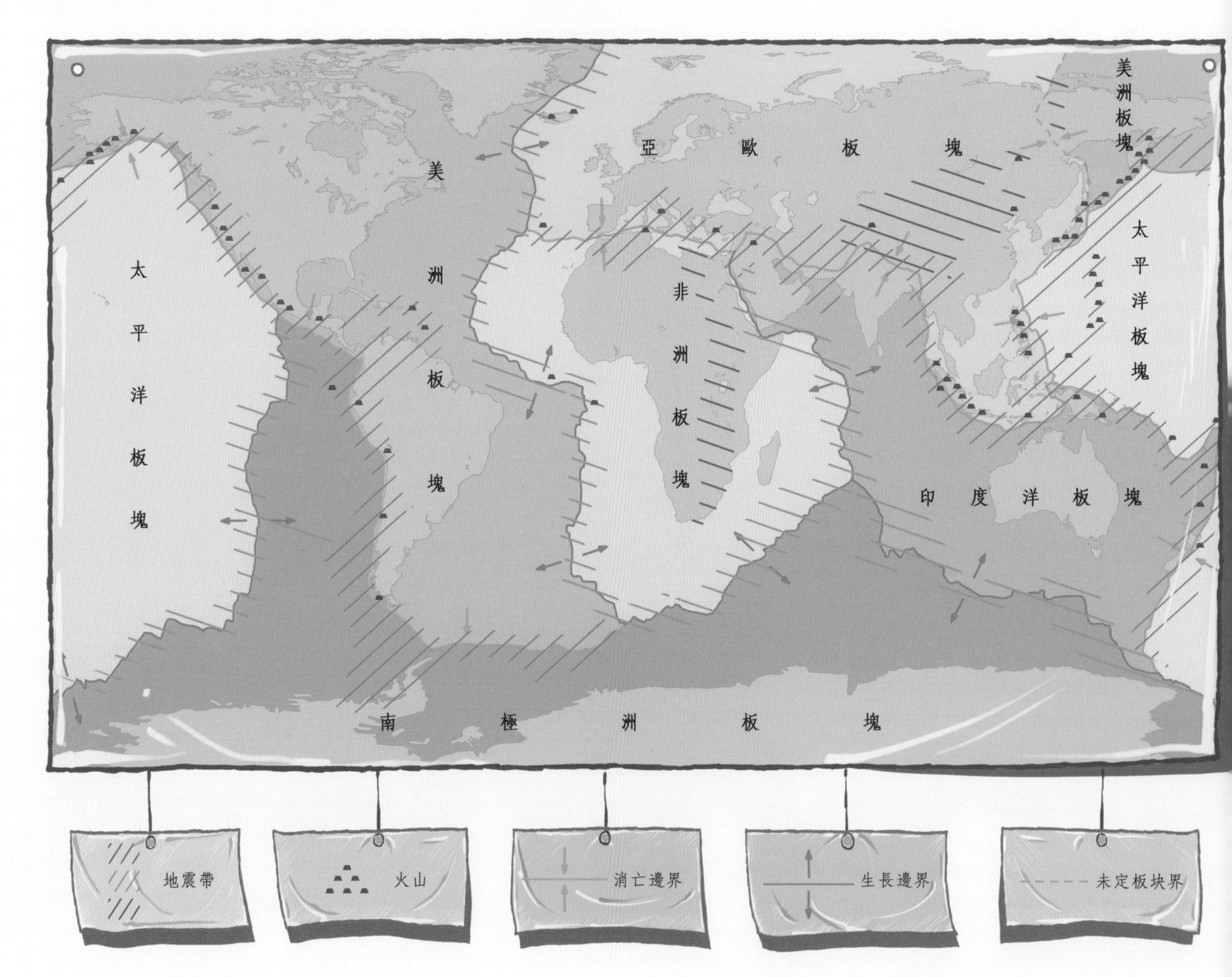

板塊運動

板塊之間相互碰撞、擠壓，就會形成山脈。著名的喜馬拉雅山脈就是亞歐板塊和印度洋板塊碰撞的結果。

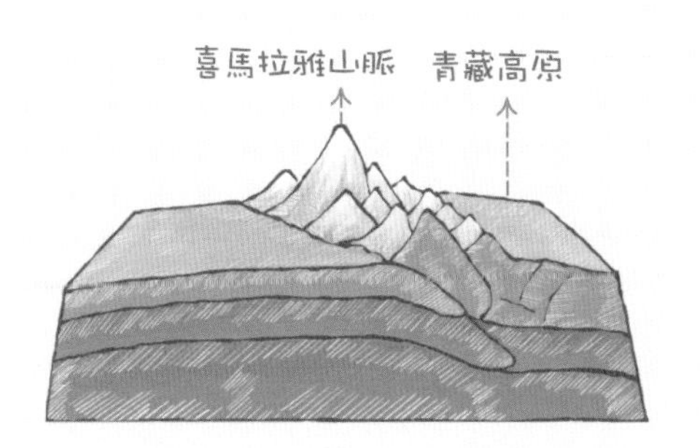

大洋板塊和大陸板塊的碰撞，往往會導致大洋板塊俯衝到大陸板塊下面，所以會在板塊交界處形成深深的海溝。世界最低點馬里亞納海溝就是太平洋板塊俯衝到亞歐板塊下形成的。

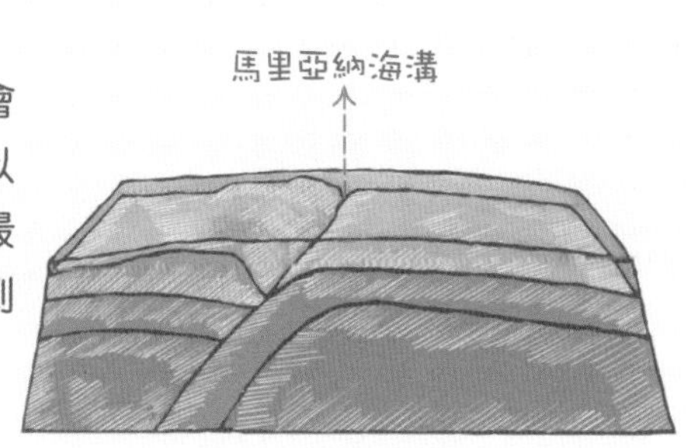

如果板塊之間張裂開來，就會形成巨大的裂谷或海洋。世界上最大的裂谷東非大裂谷正是因非洲板塊和印度洋板塊的張裂拉伸而形成的，年輕的海洋大西洋也是由美洲板塊、亞歐板塊和非洲版塊的張裂而形成的。

從長期看，板塊之間的運動會給地球表面增添更多的山脈和海洋；但是從短期看，板塊之間的運動會產生嚴重的地質活動，或者說地質災害，比如地震和火山噴發。

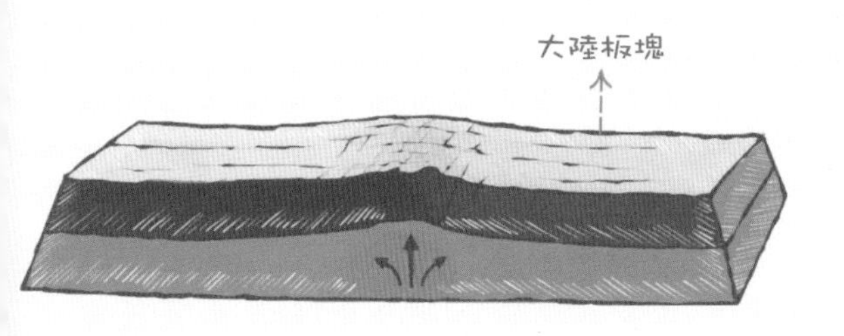

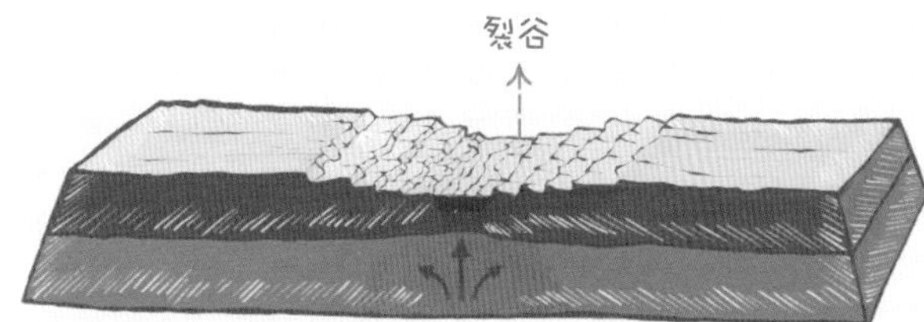

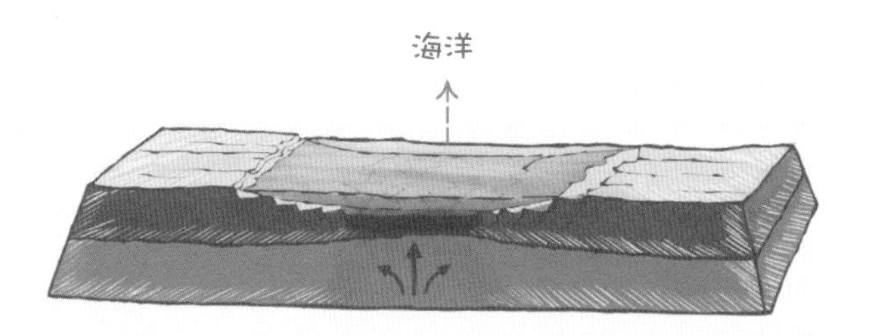

板塊運動與地震

無論是板塊的碰撞還是張裂，甚至是相互摩擦，都會引起地面震動，對於生活在地面上的我們來說就是地震。

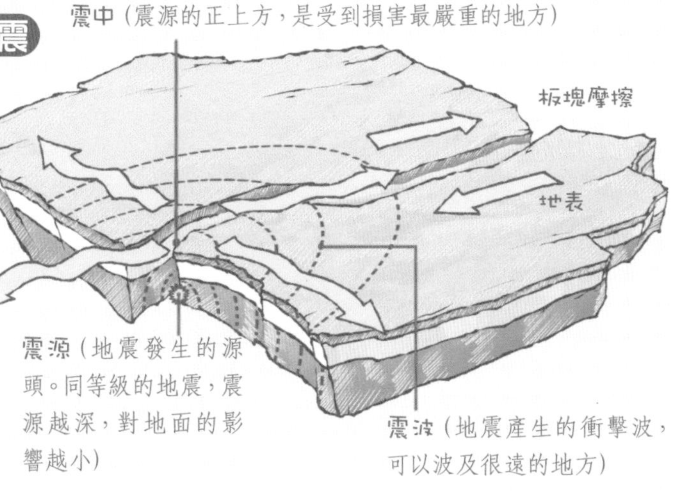

板塊運動與火山噴發

同樣，板塊之間的運動也會引起火山噴發。由於地球內部充滿了熾熱的巖漿，當板塊俯衝到巖漿中，就會將其中的巖漿「擠出」地面，從火山口噴發出來；當板塊張裂時，會破壞覆蓋在巖漿上的巖石層，使巖漿露出地表，噴發出來。

板塊運動與礦藏

但板塊運動導致的巖漿上升和噴出，不見得全是災難，在經過大自然的打造之後，它們其實可以帶來豐富的礦產資源。

如果巖漿在上升過程中沒能噴出地表，就會在地層中逐漸冷卻、變質，最後變成鐵、銅等礦藏。

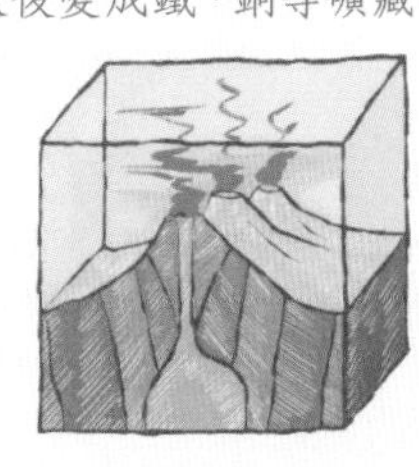

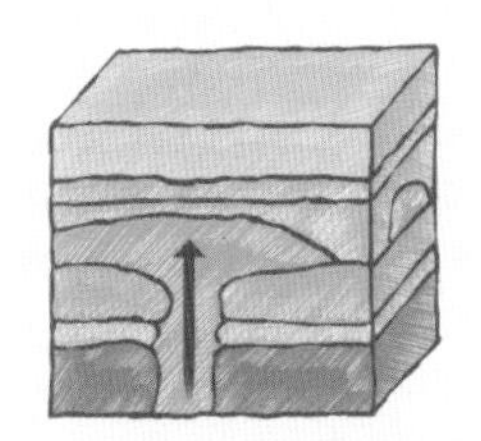

如果巖漿從海底噴出，就會與海水發生反應，從而形成礦藏。

如果巖漿攜帶着有用的金屬元素噴出地表，這些金屬元素會在一定條件下形成礦石。

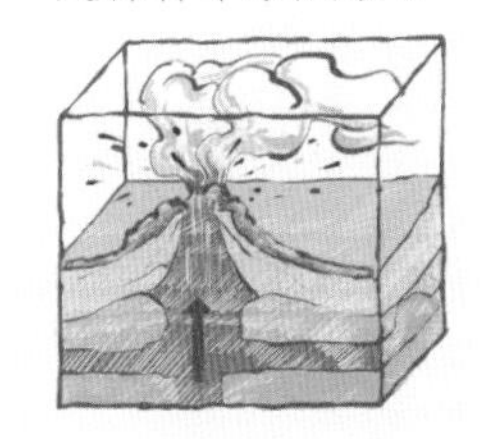

我們現在經常能從新聞裏得知，某個國家向太空發射了衛星、向火星發射了探測器等，但你知道衛星和探測器都是怎麼被發射出去的嗎？人類對於太空的探索總是少不了「發射」的字眼，這是從地球到太空的必經之路，是擺脫地球重力的必要手段，而實現這一切都要通過一種特殊的交通工具——火箭。

要理解火箭的發射原理並不難，它是對牛頓第三定律的現實應用。力的作用是相互的，當小明推了小紅一把，小紅也會同時對小明產生反作用力，火箭正是運用了同樣的原理。1882 年，俄羅斯科學家齊奧爾科夫斯基首先提出了運用牛頓第三定律來創造一枚火箭。假如在一隻充滿高壓氣體的密封桶的一端開一個口，桶內的氣體就會在高壓作用下噴射出來，當氣體噴在地上，地面又會給桶產生方向相反的反作用力，使桶「發射」出去，這就是火箭的雛形。

如果想要製造一枚真正的火箭，僅僅依靠牛頓第三定律顯然是不夠的。1903 年，齊奧爾科夫斯基提出了火箭運動方程式，通過這個方程式可以計算出火箭發動機的噴氣速度、火箭的質量等，解決了有關火箭的理論問題。雖然最終齊奧爾科夫斯基沒能製造出第一枚火箭，但這個公式從誕生之日起就一直指導着世界各國每一枚火箭的設計製造，直到現在。

不僅如此，齊奧爾科夫斯基還發展了多級火箭的設想。多級火箭不止有一個發動機，從尾部開始，每一級火箭的燃料用完後就會自動脫落，同時下一級火箭的發動機開始工作，這樣一來，每一級發動機都可以將火箭推得更高並且更快，直到飛出大氣層。這種多級火箭的設計思想也同樣一直延續到了現在。

真正解決了火箭的技術問題，製造出第一枚火箭的人是美國科學家戈達德。1926 年，戈達德成功發射了世界上第一枚以液體（汽油等）作為推進劑的液體火箭，儘管這枚火箭只飛到距離地面 12.5 米的高度，但這也是一次了不起的成功。因此，戈達德被公認為現代火箭之父。

地球是人類的搖籃，但人類不可能永遠被束縛在搖籃裏。

姓名	康斯坦丁·齊奧爾科夫斯基
性別	男
生卒年	1857－1935
國籍	俄羅斯
主要成就	宇宙航行之父

姓名	羅伯特·哈金斯·戈達德
性別	男
生卒年	1882－1945
國籍	美國
主要成就	研製成功世界上第一枚液體火箭

在前人開拓出的大路上，後人不斷地努力，才終於研製出了各種各樣成熟的現代火箭。一般來說，現代火箭大多是多級火箭，因為只有一級的火箭能達到的最大速度很有限，不足以掙脫地球的引力。但分級也並非越多越好，因為分級越多就意味着需要更多的連接和分離構造，構造過於複雜，會增加火箭的重量、降低火箭的可靠性，所以現代火箭大多由 2~4 級火箭組成。

三級火箭

二級火箭

一級火箭

儀器艙：這裏集中安裝控制系統和其他系統的儀器和設備。儀器艙往往都在火箭前端，因為距離發動機比較遠，振動較小，可以保護儀器和設備。

整流罩：保護火箭上的「乘客」不受有害環境的影響。

衛星：這是要被送入太空的「乘客」。

衛星支架：這裏是衛星乘坐的「板凳」。

液氫箱：儲存液態氫氣，可以與氧氣燃燒，作為三級火箭的助推器（燃料）。化學火箭中，用液氧和液氫做助推器的效果更好，但對火箭的體積和發動機的要求更高，因此一般不會將助推器（燃料）全部配備為液氧和液氫。

液氧箱：儲存液態氧氣，可以與氫氣燃燒，作為三級火箭的助推器（燃料）。

二、三級間段：二級火箭與三級火箭一般採用冷分離的方式分開。分離時，二級火箭先脫離，兩級火箭再分開。

三級發動機

二級氧化劑箱

二級箱間段：二級燃料箱和二級氧化劑箱中間的連接段。

二級燃料箱

二級發動機

助推器：捆綁在一級火箭上的小型火箭發動機，幫助火箭迅速發射。

一、二級間段：一級火箭與二級火箭一般採用熱分離的方式分開。分離時，二級火箭先點火，兩級火箭再分開。

一級氧化劑箱：氧化劑箱可燃燒釋放出能量，產生向下噴射的氣體。

助推器液氧箱：這裏裝着液態的氧氣，用作助推器的推進劑（燃料）。

一級箱間段：一級燃料箱和一級氧化劑箱中間的連接段。箱間段可以安裝一些儀器或設備，常常用來安置安全自毀系統的爆炸裝置。

助推器煤油箱：這裏裝着專用的航空煤油，用作助推器的推進劑（燃料）。

一級燃料箱：這裏裝着一級火箭發動機所需的推進劑（燃料）。燃料箱可儲存每級發動機需要的推進劑（燃料）。

尾段：火箭被豎立在發射台上時，這裏起到很重要的支撐作用。

尾翼：尾翼可以幫助火箭穩定飛行，但不是所有火箭都有尾翼。

一級發動機：一、二、三級發動機均採用不利用外界空氣的噴氣發動機。

在火箭飛行到預定的高度和速度並調整好姿態後，衛星會徹底「拋棄」火箭，與其分離，並利用火箭的推力進入預定好的運轉軌道。此時，衛星的使命剛剛開始，而火箭的使命已經結束。

到達目的地後，整流罩也會被「拋棄」。

二級火箭燃料用盡後也會被「拋棄」，只剩第三級火箭繼續前行。

一級火箭燃料用盡後就會被「拋棄」，只剩二、三級火箭繼續前行。

火箭發射後，首先分離的是助推器。

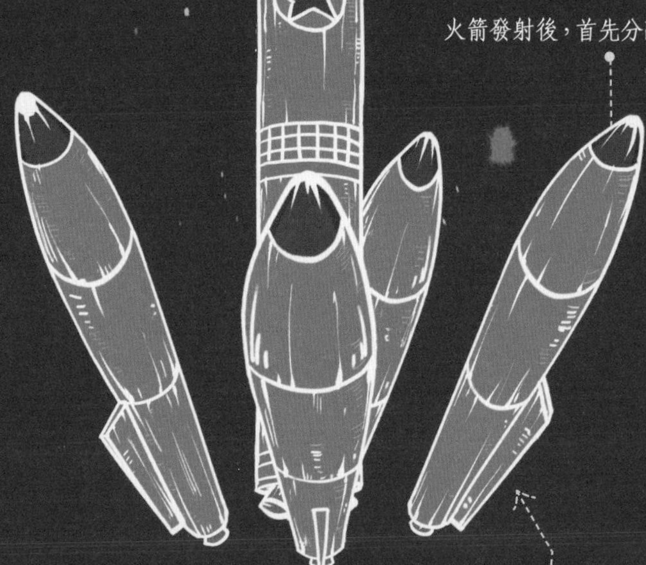

火箭的一生非常短暫，它會從起點到終點，陸續「拋棄」自身的構造來減輕重量、提高速度，將火箭上的「乘客」安全送達目的地的那一刻，也是火箭這一生終結的時刻。

宇宙之源

我們從進化論得知，生命是從無到有的，我們從陸地漂移學說得知，陸地是在一直在移動的，那麼就產生了一個疑問，我們的宇宙也是從無到有的嗎？我們的宇宙也是一直在移動的嗎？要知道，在過去幾千年的時間裏，人們一直相信宇宙和物質是恆定不變、無始無終的，就連偉大的愛因斯坦也受到這種思想的影響，一度認為宇宙是靜態的。但眼睛不會說謊，人們觀察到了宇宙在移動！

1929 年，美國科學家哈勃通過觀測到的宇宙波長變化，確認宇宙遙遠的星系正在遠離我們，並且距離我們越遠的星系遠離我們的速度越快，這就是哈勃定律。

哈勃的研究讓科學家意識到宇宙正在膨脹，美國科學家伽莫夫據此提出了「大爆炸」的觀點，這就是我們現在家喻戶曉的宇宙大爆炸理論。根據大爆炸理論，宇宙起源於一個點，這個點的密度無限大、體積無限小、溫度無限高，因此我們稱之為奇點。在奇點發生爆炸的那一刻，才有了宇宙、空間和時間。

姓名	愛德文·鮑威爾·哈勃
性別	男
生卒年	1889－1953
國籍	美國
主要成就	建立哈勃定律

③ 在不到 1 秒鐘的時間裏，宇宙迅速膨脹，宇宙中的溫度也隨之降低，夸克逐漸凝聚成了質子和中子。

② 大爆炸釋放出巨大的能量和無數的夸克、電子等粒子，整個宇宙處在極度高溫的狀態下。

① 138 億年前，密度無限大、體積無限小、溫度無限高的奇點發生了爆炸，宇宙的一切便開始了。

宇宙大爆炸究竟是怎麼回事呢？

姓名	喬治·伽莫夫
性別	男
生卒年	1904－1968
國籍	美國
主要成就	提出「宇宙大爆炸」理論

伽莫夫認為，發生大爆炸的時候宇宙的溫度是極高的，之後慢慢降溫，而我們的宇宙如今依舊殘餘着早期高溫宇宙的輻射，這種輻射叫作宇宙微波背景輻射。1964 年，美國科學家彭齊亞斯和威爾遜果真接收到了這種輻射，證實了宇宙大爆炸理論。

④ 在經過3分鐘的碰撞和結合之後，大量的質子和中子聚在一起，形成了原子核。這時候宇宙膨脹的速度已經放緩。
⑤ 30萬年後，電子終於加入進來，與原子核一起形成了完整的原子。
⑥ 4億年後，原子互相聚在一起，並且越聚越多，最終形成了原始的恒星和星系。
⑦ 宇宙又經過了長達138億年的演化，才最終演變成如今的樣貌：一個充滿星系和星雲並持續膨脹的宇宙。

通信的歷史

從蒙昧時代到現代社會，科學從無到有，並且發展得越來越快。你有沒有想過，在沒有電腦和電視的以前，人們是怎麼知道科學家的偉大發現的？這就是我們要談的主題——通信的歷史。

傳遞信息最重要的因素有兩點：一是速度，畢竟我們不能到了第二年才得知上一年的戰爭是勝利還是失敗；二是內容，傳錯了信息可是會釀成大禍的。千萬別小看這兩點，千百年來，我們的「前輩」們已經在這兩點上下了很多功夫了。

在很久以前，人類還沒有發明電話，更沒有發明電腦，信息傳遞只能依靠原始的人力，這其中還有一個著名的故事。有一年，波斯和雅典打仗，雅典人獲勝了。為了儘快讓民眾知道勝利的喜訊，統帥派了一名跑得飛快的士兵回去通知大家，要知道，戰場距離雅典足足有 42 公里之多！這位士兵不負眾望，終於跑到雅典了，他喊出喜訊後就倒在地上死去了。為了紀念他，人們專門設立了「馬拉松」賽跑的項目，比賽距離就是當年那位士兵跑完的 42.193 公里——相信不用我說，你也能看出人力傳遞消息的弊端。

除了長距離傳遞信息，人們也經常需要短距離的通信，尤其在戰事頻發的古代。人們發明了各種各樣的通信方法，有擊鼓傳信（通過鼓聲傳遞消息）、旗語（利用旗幟傳遞消息）、號角（用號角聲傳遞消息）等，這些方式可以快速又準確地傳遞上級的命令，及時改變戰術，但能傳遞的消息內容非常有限。

人力很有限，所以古代的人們會馴養一些跑得很快的動物來幫助通信，馬就是其中的代表。我們經常在電視劇裏看到古人傳遞信息都是快馬加鞭而來，這種方式尤其適用於長距離通信。在中國古代，為了更好地傳遞信息，政府建造了很多驛站，一來供送信人休息，二來可以用體力充沛的馬替換下疲憊的馬，最大限度地加快速度，保證信息快速傳遞。

以上都是針對內容比較複雜的信息傳遞，如果信息很簡單，或者是一些特定的信息，比如「準備打仗」，人們就會用一些固定的標誌來表示，典型的例子就是長城上的烽火台。中國古代有「烽火戲諸侯」的故事，講的就是周朝的皇帝周幽王為了博得妃子一笑，三番兩次點燃烽火台，傳遞假消息，戲弄諸侯。在交通不發達的古代，諸侯們從很遠的地方趕來衝鋒陷陣，結果發現只是周幽王在開玩笑，憤怒的心情可想而知。

要說有甚麼方法既能及時傳遞，又能不論內容複雜與否，保證信息的準確性，那就要到電氣時代去尋找了。人們不僅發現磁能生電，還發現電流的移動速度非常快，於是便有人想到用電來傳遞消息。1839 年，美國人摩斯製造出了一台電報機，他還發明了一種只用點、橫線和空白來表達 26 個英文字母的「文字」，我們後來稱之為摩斯密碼。1844 年，摩斯成功用摩斯電碼向 60 多公里外的城市發送了人類歷史上第一份長途電報。在電話發明之前，電報承擔着重要的通信使命，歷史上真實存在過的「鐵達尼號」郵輪，在撞到冰山之後就是通過電報向外界發送的求救消息。

電報是通過電流將信息轉變成可以被識別的信號和文字，那麼，電流是不是也可以直接傳遞語音呢？答案是可以，但這並不容易。好在美國人亞歷山大．貝爾首先解決了這個問題，也就不用我們冥思苦想了。1876 年，貝爾製成了世界上第一部實用的電話機，第二年，美國波士頓開通了世界上第一條電話線路，電話終於開始走進人們的日常生活了！

尤爾，我正
用一個真正的移動
電話和你通話，一個真
正的手提電話！

電話能夠即時傳遞複雜消息，可以說解決了人類通信的大難題。不過人們並沒有停止思考，為了改進電話無法隨身攜帶的弊端，人們開始研究無線電話。第一部無線電話是由摩托羅拉公司的工程技術人員馬丁．庫帕於 1973 年製成的。庫帕在研製成功之後，首先打給了競爭對手，宣告了自己的勝利。這部無線電話很大，但不可否認的是，這是世界上第一部手機。

後來的故事大概你也知道了，手機的發展速度很快，其體型越來越小，功能越來越多，再加上商業競爭的加劇，各種各樣的新型手機被推向市場。另一邊，計算機也在飛速發展着，個人電腦走進了千家萬戶的同時，人們對電腦的依賴逐漸加深，可以隨身攜帶的掌上電腦開始出現，但身上又帶手機又帶電腦未免累贅，於是，有人將掌上電腦和手機合二為一，製造出一種新產品——智能手機。世界上第一部智能手機誕生於 1993 年，由美國 IBM 公司推出。現在，不同的公司製造出不同的智能手機，愈發激烈的競爭促使手機廠商更加追求科技創新，智能手機產業也呈現出一種百花齊放的繁榮景象。

走進未來

科技從誕生一路發展到現在，為我們的生活提供了各種各樣的便利，更重要的是，科技完全顛覆了我們的生活！哥倫布不會相信人類能登上月球，諾貝爾也無法想像原子的威力遠高於炸藥。到了近代，科技的發展速度越來越快，並且朝着更快的趨勢大步向前。試想一下，如果科技持續勇往直前，未來會走向何方？

生活在當下，幾乎人人都聽說過「大數據」這個詞，但這個詞到底是甚麼意思呢？直白點說，大數據就是巨大的、海量的數據。當你在使用網絡的時候，你用鍵盤敲打的每一個字、你轉發的每一條消息及圖片、你購買的每一件商品等，都可能成為大數據的一部分，反過來說，正是因為網絡的普及，才使收集海量的數據成為可能，最終形成大數據。

大數據雖然有了，但如何有效地利用它也是個難題。想像一下，如果你有一千雙襪子，在這其中找到想穿的那雙必然需要花點時間。那麼，在茫茫的「數據海洋」中找到有用的那條數據需要多久呢？運氣好的話，也許只花上一天就能搞定，運氣不好的話，恐怕要花上五年、十年，甚至幾十年了。顯然，如果我們想要從大數據中快速又準確地抽出自己想要的數據，就需要更加龐大、先進的計算設備，可你沒有這些設備怎麼辦？別急，我還有一種更加「節能」的方法：雲計算。

這裏是未來嗎？

我正需要一瓶香水！

未來勢必會得到發展的另一項技術是人工智能。簡單來說，人工智能就是人類自己創造出的智能，這種智能尤其體現在自我學習方面。

我們都知道人類是從其他物種一步步演變進化而來的，將來的人工智能也會如此。人工智能會不斷地學習並且改進自己，擁有自己的智能思維，就像我們通過不斷學習來提升自己一樣。

現在出現的人工智能，無論是會講笑話的小機器人，還是打敗圍棋冠軍的阿爾法圍棋（AlphaGo），都還屬於弱人工智能，它們能做的事很有限。

物聯網可以看作是互聯網的延伸，互聯網是人與人的互聯，物聯網是物與物、物與人、人與物的互聯。互聯網讓我們能夠通過網絡與遠方的朋友保持聯繫，但無法使我們了解手邊的飲料，而物聯網可以解決這個問題。可以說，物聯網解決的就是各種物品的信息化管理和控制的問題。

在認識物聯網之前，先來聽一段小故事。早在1991年，劍橋大學特洛伊計算機實驗室的科學家們為了免去無用的上下樓，並且能及時喝到樓下剛煮好的咖啡，便編寫了一套監控咖啡是否煮好的程序，這就是物聯網的開端。那麼物聯網的實際應用會怎樣呢？當然不是簡單的監控咖啡機，而是要遙控咖啡機，這個遙控不僅可以面對咖啡機進行遙控，甚至可以相隔幾公里對物品進行遙控。

首先需要說明的是，龐大的大數據需要一個儲存它的巨大容器，這個容器就是雲計算的網絡存儲功能，而管理這些數據也離不開雲計算。有一句俗語叫「眾人拾柴火焰高」，體現的是集體合作的力量，雲計算也是如此。一台計算機的能力是有限的，但如果同時用多台計算機一起工作，運算效率就會高得多。我們現在把這些計算機都聯網設置好，讓其他地方的人也能通過網絡遠程操控這些計算設備，就實現了簡單的雲計算。

伴隨着互聯網的發展，現在的「雲」已經具有相當大的規模，有些公司的雲計算已經擁有了一百多萬台服務器，能夠為用戶提供前所未有的計算能力。雲計算在「雲端」進行，用戶一來不需要自己購買昂貴的計算設備，非常廉價，二來不需要到特定的地點使用特定的機器，非常便捷。如果說精準投放廣告是雲計算的簡單用途，那麼，雲計算的複雜用途就是物聯網。

大數據和雲計算就像是一枚硬幣的正反面，是互相依靠的，也是相輔相成的，未來會更好地服務人類。舉個簡單的例子，電商平台可以從你的購物記錄中發現你的喜好，這就是大數據的一部分，之後你會發現，電商平台給你推薦的商品都是你所喜歡的，這就是通過雲計算之後呈現在你面前的結果，也就是說，大數據和雲計算有助於商家更有針對性地投放廣告。當然，這只是雲計算的一個簡單用途。

這杯咖啡太酸了！

馬上下班了，做一杯咖啡吧！

全自動製作真酷！
再見！

試想一下，媽媽剛下班就遙控家裏的咖啡機開始煮咖啡，到家之後正好能喝上一杯剛煮好的熱咖啡，是不是很方便呢？

在物聯網高度發達的未來，我們不僅能夠實現異地遙控，還能對自己擁有的物品有清晰的了解，就連一支筆，從原材料、製作、運輸到銷售的每一個環節都能了解到。如果你對這支筆不滿意，物聯網會自動幫我們上傳數據，經過雲計算的處理，商家能夠及時了解你的喜好，不斷地改進商品，甚至是根據你的喜好為你定製一支筆！可以說，雲計算幫助商家精準投放廣告，物聯網則反過來幫助消費者得到精準製造的商品。通過不斷地廣告、購買、反饋、改進，未來的人們將會在大數據、雲計算和物聯網等的共同作用下，生活得無比便捷、舒適。

未來會進入強人工智能甚至超人工智能時代，人工智能所擁有的超強「智慧」可以為人類提供無窮無盡的便利，甚至治療癌症。

值得警惕的是，人工智能發展到一定程度後，人類將不再是地球上最聰明的物種，所以人工智能對人類有一定的威脅性。如果人工智能可以始終為人類服務，人類將繼續向前發展，但如果人工智能只為自身服務，人類的延續就可能受到威脅……

中國科技·認識天

18 世紀以來，西方科技發展得非常迅速，但在更早以前，世界上最先進的國家其實是中國。與西方科技不同，中國科技側重總結經驗和應用，但缺乏對規律的探索和總結，對抽象概括和實驗驗證不夠注重。中國科技的貢獻多在農業、天文、曆法和醫學等方向。

大概從商朝開始，中國人相信「天圓地方」。天是圓的就像一個蓋子，地是方的就像一盤棋局，蓋子形狀的天正好覆蓋在方形大地上，這種理論也被稱為蓋天說。後來有人認為圓形的天和方形的地並不匹配，所以又提出了天像一把傘一樣懸着，在天和地的邊緣，有八根巨大的柱子支撐着天的說法，我們熟悉的共工怒觸不周山和女媧補天的故事就是在這種宇宙觀中誕生的。

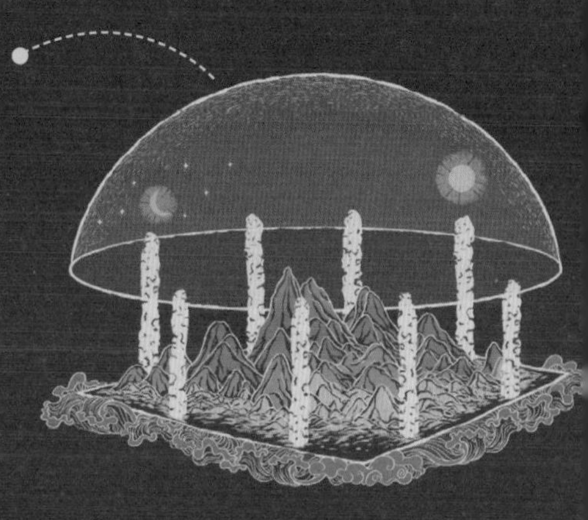

到了戰國時期，有很多人不再相信蓋天說，轉而提出了渾天說，認為除了太陽、月亮、火星、金星、木星、土星和水星之外，其他所有的星辰都在一個「天殼」上，天殼包裹着大地，就像蛋殼包裹着蛋黃一樣，天球裏充滿了水，大地就浮在水面上。西漢時期，人們還發明了渾天儀來更加直觀地演示天象。

雖然渾天說比蓋天說先進了許多，但渾天說還是不能解釋為甚麼同在一個「天殼」上，天體運動的速度卻有快有慢所以還誕生了另外一種全新的宇宙論——宣夜說。宣夜說認為，沒有甚麼蓋子和蛋殼，天不是有形的實體，所有的天體都漂浮在虛空中，依靠氣的作用運動或靜止，我們細想一下，這個理論和現代天文學是不是很像呢？

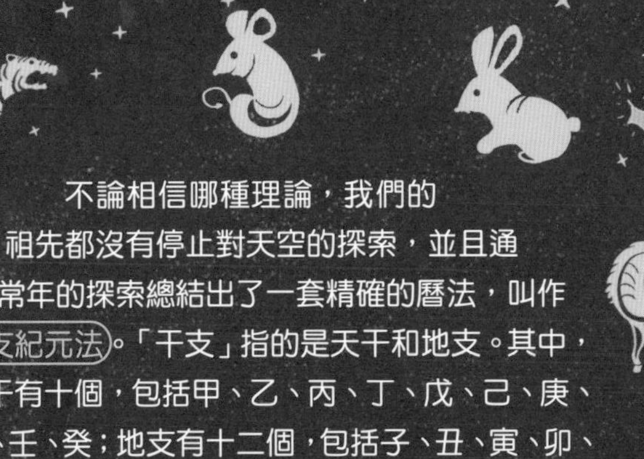

不論相信哪種理論，我們的祖先都沒有停止對天空的探索，並且通過常年的探索總結出了一套精確的曆法，叫作干支紀元法。「干支」指的是天干和地支。其中，天干有十個，包括甲、乙、丙、丁、戊、己、庚、辛、壬、癸；地支有十二個，包括子、丑、寅、卯、辰、巳、午、未、申、酉、戌、亥。將天干和地支兩兩組合在一起（比如：甲子）就能得到六十個單位，將這六十個單位按照固定的順序排列下去，就是干支紀元法。不僅如此，人們還用十二種動物來形象地表達十二地支，也就是我們每個人都知道的十二生肖。天干地支紀元法非常好用，以至傳承了上千年，我們現在依然在使用。

立春 二月三至五日 春季開始
雨水 二月十八至二十日 降雨增多
驚蟄 三月五至七日 動物甦醒
春分 三月二十至二十一日 晝夜平分
清明 四月四至六日 天清氣明，草木茂盛
穀雨 四月十九至二十一日 降雨充足，穀物生長
立夏 五月五至七日 夏季開始
小滿 五月二十至二十二日 農作物飽滿
芒種 六月五至七日 收割麥子，種下稻子
夏至 六月二十一至二十二日 炎熱來臨
小暑 七月六至八日 天氣稍熱
大暑 七月二十二至二十四日 一年最熱
立秋 八月七至九日 秋季開始
處暑 八月二十二至二十四日 炎熱結束
白露 九月七至九日 露水凝結，天氣轉涼
秋分 九月二十二至二十四日 晝夜平分
寒露 十月八至九日 開始寒冷
霜降 十月二十三至二十四日 露水成霜
立冬 十一月七至八日 冬季開始
小雪 十一月二十二至二十三日 開始下雪
大雪 十二月六至八日 降雪增多
冬至 十二月二十一至二十三日 寒冷來臨
小寒 一月五至七日 氣溫最低
大寒 一月二十至二十一日 寒冷持續

干支紀元法並不是古人對天象觀察應用的終點，反而是起點。根據干支紀元法，人們又延伸出了許多其他內容，其中最為人熟知的要數二十四節氣。人們將太陽一整年的運動平均劃分為二十四等份，每一等份就是一個節氣，所以有二十四個節氣。不僅如此，每個節氣的名字中都包含着古人對大自然細緻入微的觀察，不信就一起來看看吧！

中國科技·認識人

既然天體可以依靠氣的作用運動，那人體可不可以呢？古人就這樣從天想到了人，並且探究出了一套有關人體的經絡學說。這種學說最早出現在漢代，並由後世不斷完善，成為中醫的基礎理論。就像血液通過血管流淌一樣，經絡學說認為經絡就是人體內氣血運行的通路，經絡遍佈人體，將皮膚、內臟、骨骼等連通在一起，並且可以分類為十二經脈、奇經八脈等。

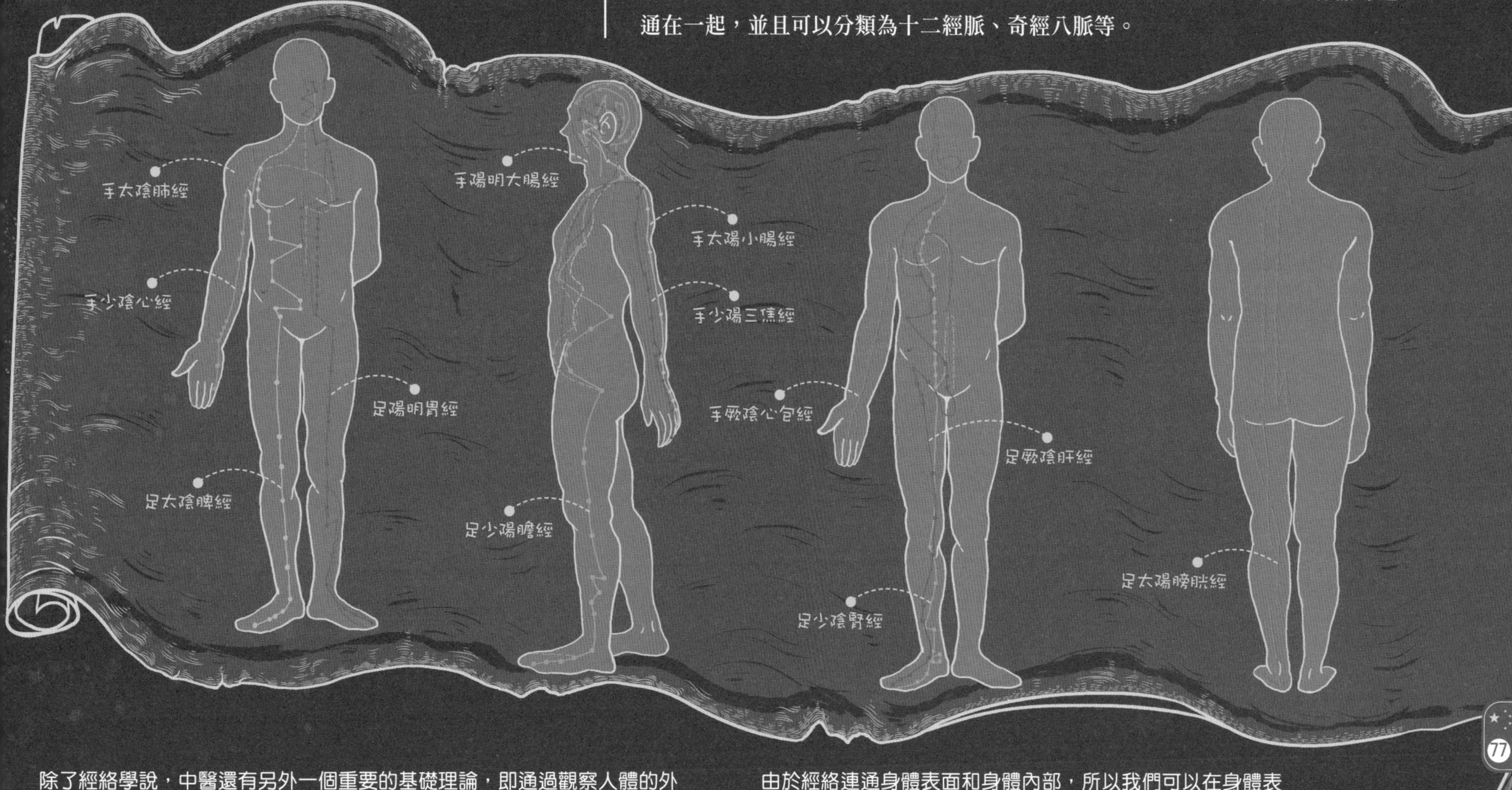

除了經絡學說，中醫還有另外一個重要的基礎理論，即通過觀察人體的外在表象，探究人體內部臟腑（五臟六腑等）的病變，這就是臟腑學說。所以中醫講究望、聞、問、切，以此四診法來診斷疾病。四診法由戰國名醫扁鵲創立，經由後世的發展和完善，如今已經成為中醫文化的瑰寶。

望是觀察病人的氣色、排泄物等。

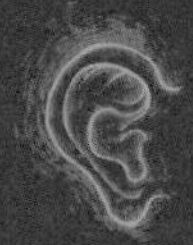

聞是通過聽覺和嗅覺來聽病人說話、聞病人的氣味等。

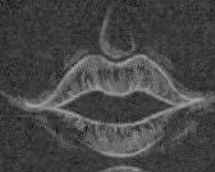

問是詢問病人的感受和症狀等。

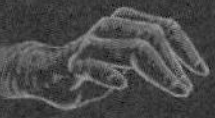

切是接觸病人切脈診斷。

由於經絡連通身體表面和身體內部，所以我們可以在身體表面找到連通經絡的點，這些點就是穴位，根據經絡連通的位置和經絡的走向，中醫可以通過刺激對應的穴位來疏通經絡，用手推拿、用針針灸等都是刺激穴位的方法。

在診斷出病人的具體病灶後，醫生會給病人開藥，當然，開的是中藥。西藥大多是從天然物質中提純或者用化學方式合成的，與之相比，中藥要更加天然。中藥大多是天然物質本身或者是加工後的天然物質，並且以植物藥居多，也就是我們說的草藥。說到這裏就不得不提一位「嚐百草」的名醫——李時珍。李時珍著的《本草綱目》收錄了近兩千種中藥材，並且按照綱、目的方式分類，內容豐富，條理清晰，是非常重要的中藥典籍。

中國科技·古代創造

古代中國的科技大多重視實用性，與之對應，古人的發明也都是生活中非常實用的物品，其中最為著名的就是四大發明。

火藥

我們都知道是諾貝爾發明了液態炸藥，但其實在這之前，中國的古人就已經發明了一種黑色或棕色的粉末狀炸藥，我們稱之為火藥。

火藥最早出現在一千多年前的隋唐時期，是中國古代煉丹家在煉製丹藥的過程中發明的，被稱為「着火的藥」，除了戰爭使用外，還一度被當作藥類使用。

指南針

中國是最早發明指南針的國家，不過最早的指南針叫作司南，是利用磁石的指向性來辨別方向的，最早出現在戰國時期。

可不要小瞧這個司南，多虧了司南的發明，才有了後來的羅盤、指南針等。司南使中國古人能夠在漫漫長路中找準方向，既能夠翻山越嶺通西域，又能夠乘風破浪下西洋。

造紙術

作為文化強國，紙張是文化傳播過程中不可或缺的東西，我們的祖先也首先發明了紙。西漢時期，中國已經有了比較粗糙的麻製纖維紙，但這種紙表面並不平滑，不適合書寫。後來，東漢時期的蔡倫改進了原先的造紙術，使用成本更低的原材料製作出質地更好的蔡侯紙。

蔡侯紙平整細膩，便於書寫。到了東晉時期，紙張已經完全普及全國，甚至傳播到了周邊的其他國家，從而改變了中國人用竹簡、布帛等書寫的習慣，也為書本的出現提供了基礎。

印刷術

文化的發展和傳播還離不開文字。在印刷術發明之前，文化的傳播主要靠手抄書籍，費時費力不說，還經常會出現紕漏和錯誤，給文化傳播帶來了重重阻礙。中國古人有刻章的習慣，由此聯想，為甚麼不把書籍內容刻在木板上呢？如果需要這本書，在木板上塗墨，印到紙上不就可以了嗎？這就產生了雕版印刷。

不過，雕版印刷過於局限，每次有新書只能再刻新的木板，耗費木板是小事，耗費人力才是大事。聰明的古人很快就想到了解決辦法——把字一個個拆下來。漢字的總量是有限的，常用的漢字更加有限，如果把每個字都單獨雕刻，在印製新書的時候直接尋找對應的字來組成句子就可以了，這就是活字印刷。

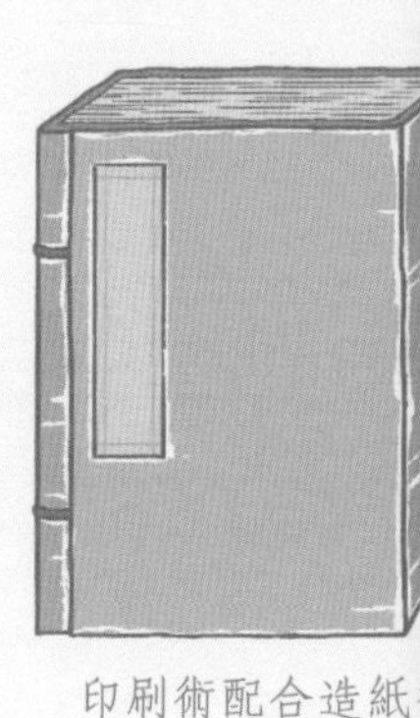

印刷術配合造紙，
一本本書就誕生啦！

中國科技現代創造

古代的中國在世界上很長時間都是「世界強國」，但是清朝實行了「閉關鎖國」政策，切斷了中國與世界的聯繫，與世界拉開了差距。值得欣慰的是，我們很快就開始學習西方先進的技術，並且「為我所用」。20 世紀後半葉開始，中國的科技呈現突飛猛進的狀態……

姓　名　屠呦呦
性　別　女
生卒年　1930－
國　籍　中國
主要成就　創製抗瘧疾藥

1964 年，中國第一顆原子彈爆炸成功；1967 年，中國第一顆氫彈爆炸成功；1970 年，中國第一顆人造衞星發射成功。這就是著名的兩彈一星。而在「兩彈一星」的背後，是無數科學家不斷努力的結果，比如鄧稼先、錢學森等都做出了偉大貢獻。

除了航天事業，中國人在物理學界也取得了令人稱道的成就。美籍華裔科學家李政道和楊振寧，因在物理學上的新發現而獲得了 1957 年的諾貝爾物理學獎，共同成為第一位獲得諾貝爾獎的華裔。不過這只是諾貝爾獎與中國籍科學家緣分的開端，從此陸續有華裔科學家獲獎。直到 1972 年，中國科學家屠呦呦成功提取青蒿素，這是一種可以治療瘧疾的藥品，屠呦呦也因此獲得 2015 年諾貝爾生理學或醫學獎，成為第一個獲得諾貝爾獎的中國本土科學家。

中國在醫學界還有其他了不起的成績。1965 年，中國科學家首先人工合成牛胰島素，這可是世界首例！到了現在，胰島素已經成為隨時都能在藥店買到的常見藥，用來幫助糖尿病患者控制病情。

姓　名　鄧稼先
性　別　男
生卒年　1924－1986
國　籍　中國
主要成就　設計了中國原子彈和氫彈

健康的問題解決了，吃飯的問題更要解決，這就不得不提著名的「雜交水稻之父」——袁隆平。袁隆平從 1964 年開始研究雜交水稻，1973 年育成了第一個雜交水稻品種，後來又陸續研究出了第二代、第三代、第四代雜交水稻。袁隆平管理的水稻田非常高產，多次刷新世界紀錄，解決了人們最重要的吃飯問題。

如今，中國人再次與世界聯結在了一起，中國也再次躋身世界強國的行列。我們的科學家仍在不懈努力，相信未來的中國科技會更加先進，將走在世界前列。

姓　名　錢學森
性　別　男
生卒年　1911－2009
國　籍　中國
主要成就　中國導彈之父、中國航天之父

姓　名　袁隆平
性　別　男
生卒年　1930－2021
國　籍　中國
主要成就　雜交水稻之父

附錄 科技大事年表

公元前 7 世紀 至 公元前 6 世紀
早期科學家泰利斯打開了理性思考的開端，科學由此起源。

公元前 6 世紀
早期數學家畢達哥拉斯提出勾股定理。

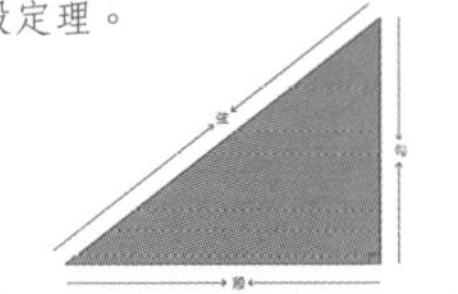

公元前 4 世紀
早期科學家亞里士多德在多個領域嘗試給出科學解釋，建立了亞里士多德宇宙模型。

公元前 3 世紀
早期物理學家阿基米德提出槓桿原理和浮力定律。

904 年
古代中國已將火藥用於軍事。

1404 年 至 1433 年
航海家鄭和先後七次下西洋，拜訪了 30 多個國家和地區，最遠到達東非、紅海。

1610 年
物理學家伽利略利用自製望遠鏡觀測天體，並有諸多發現。

1619 年
天文學家開普勒發表開普勒三大定律。

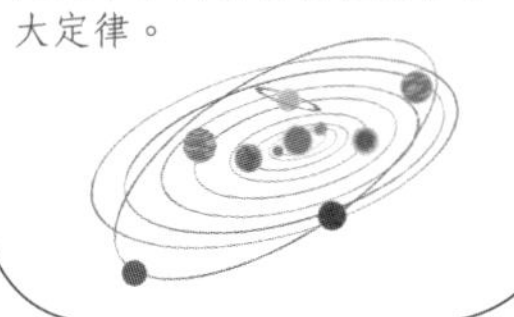

1628 年
生理學家哈維發表《心血運動論》，提出血液循環的概念及方式。

1669 年
地質學家斯坦諾提出地層層序律。

1673 年
微生物學家列文虎克通過自製顯微鏡發現微生物。

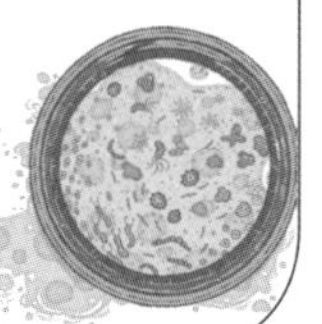

1677 年
微生物學家列文虎克通過自製顯微鏡發現精子。

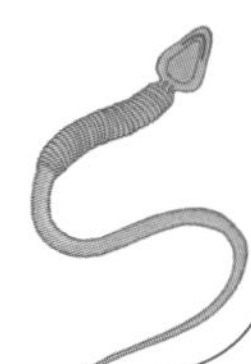

1814 年
工程師史蒂芬森發明蒸汽機車。

1831 年
物理學家法拉第提出電磁感應理論。

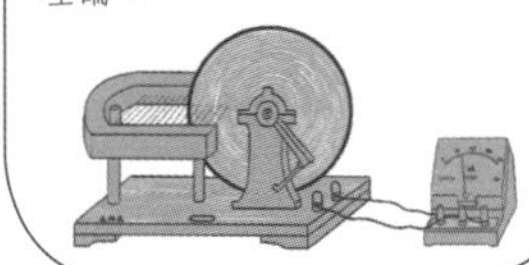

1838 年 至 1839 年
植物學家施萊登和生理學家許旺創立細胞學說。

1858 年
生物學家達爾文提出進化論。

1859 年
生物學家達爾文發表《物種起源》。

1863 年
化學家諾貝爾成功發明炸藥。

1895 年
諾貝爾公佈遺囑，諾貝爾獎誕生。

1898 年
居禮夫婦發現並命名元素鐳。

1900 年
孟德爾的遺傳學研究被重新發現。

1903 年
發明家萊特兄弟發明飛機；火箭專家齊奧爾科夫斯基提出火箭運動方程式。

1905 年
物理學家愛因斯坦解釋光電效應和光的波粒二象性，提出狹義相對論。

20 世紀初
多位科學家共同創立量子力學。

1946 年
以數學家諾依曼的設計思想為指導的第一台計算機誕生。

1948 年
天文學家伽莫夫提出宇宙大爆炸理論。

1961 年
宇航員加加林在遨遊太空後成功返回地球。

1968 年
多位科學家聯合提出板塊構造學說。

1969 年
宇航員岩士唐踏出人類登上月球的第一步。

1972 年
藥學家屠呦呦成功提取青蒿素。

1492年
航海家哥倫布首次到達美洲。

1498年
航海家達·伽馬首次通過非洲南端航線到達印度。

1513年
天文學家哥白尼提出「日心説」。

1522年
航海家麥哲倫率領的船隊完成人類首次環球航行。

1543年
天文學家哥白尼出版《天體運行論》，闡述「日心説」；解剖學家維薩里出版《人體構造》，展示了人體的內部構造。

1596年
藥物學家李時珍的著作《本草綱目》正式出版。

1687年
物理學家牛頓提出牛頓運動定律和萬有引力定律。

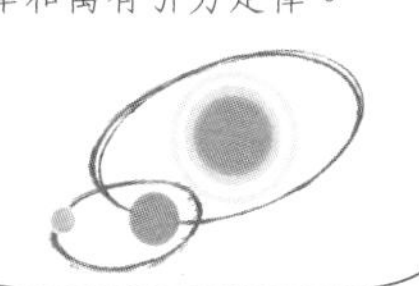

1735年
分類學家林奈發表《自然系統》，採用林奈式分類方法。

1777年
化學家拉瓦錫建立氧化學説，正式推翻了燃素説。

1785年
工程師瓦特改良蒸汽機。

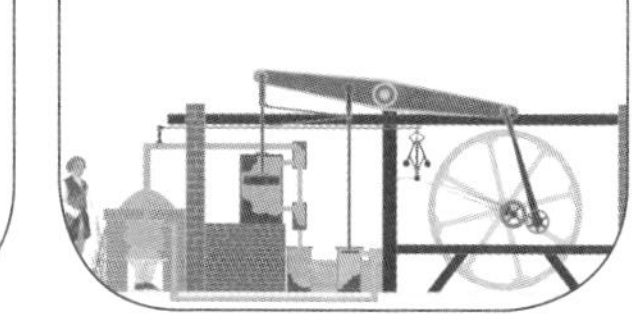

1796年
醫學家詹納第一次給人類注射天花疫苗。

1807年
工程師富爾頓發明蒸汽輪船。

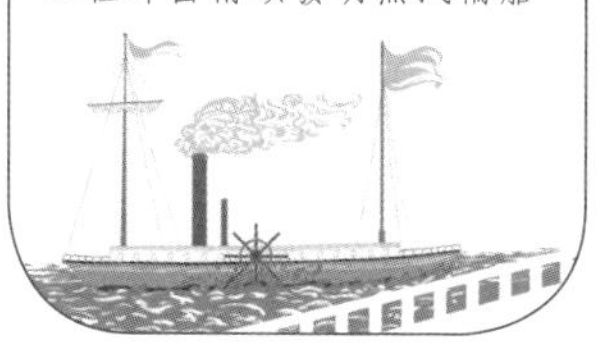

1865年
遺傳學家孟德爾發現兩條遺傳定律：基因分離定律和基因自由組合定律。

1869年
化學家門捷列夫出版《化學原理》，改進元素週期律，發明元素週期表。

1876年
發明家貝爾發明電話。

1879年
發明家愛迪生成功研製出電燈。

1885年
微生物學家巴斯德第一次給人類注射狂犬病疫苗。

1886年
工程師平治發明了第一輛三輪汽車。

1912年
地理學家魏格納提出大陸漂移學説。

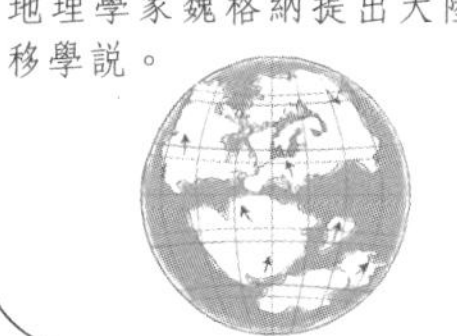

1915年
物理學家愛因斯坦提出廣義相對論。

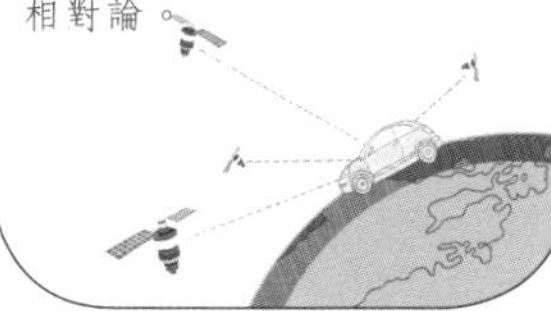

1926年
遺傳學家摩爾根創立基因學説，發現基因的連鎖與互換定律；火箭專家戈達德發明液體火箭。

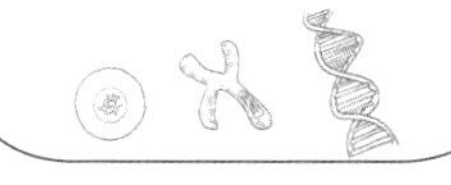

1928年
微生物學家弗萊明發現青霉素。

1929年
天文學家哈勃發現宇宙正在遠離我們，提出哈勃定律。

1942年
物理學家費米領導小組建立人類第一個可控核反應堆——「芝加哥一號堆」。

1973年
雜交水稻專家袁隆平培育出第一個雜交水稻品種；發明家馬丁·庫帕發明手機。

1974年
物理學家霍金提出黑洞輻射理論。

1996年
世界首隻克隆羊「多莉」誕生。

2001年
科學家發表人類基因組工作草圖。

2004年
人類發現火星南極存在冰凍水。

2018年
人類在月球表面發現水冰存在的確切證據。

附錄 科學家名片

P. 2

- 姓名：泰利斯
- 性別：男
- 生卒年：約公元前 624－前 546
- 國籍：古希臘
- 主要成就：科學和哲學之祖

P. 4

- 姓名：畢達哥拉斯
- 性別：男
- 生卒年：約公元前 580－前 497
- 國籍：古希臘
- 主要成就：提出勾股定理、黃金分割理論

P. 6

- 姓名：亞里士多德
- 性別：男
- 生卒年：公元前 384－前 322
- 國籍：古希臘
- 主要成就：百科全書式的科學家

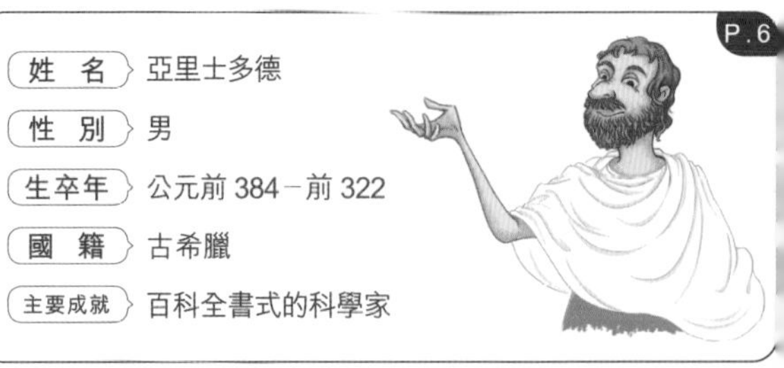

P.11

- 姓名：約翰尼斯·開普勒
- 性別：男
- 生卒年：1571－1630
- 國籍：德國
- 主要成就：提出開普勒定律

P.12

- 姓名：伽利略·伽利雷
- 性別：男
- 生卒年：1564－1642
- 國籍：意大利
- 主要成就：提出自由落體運動的相關理論、開拓用望遠鏡觀測天文的新時代

P.14

- 姓名：艾薩克·牛頓
- 性別：男
- 生卒年：1643－1727
- 國籍：英國
- 特點：百科全書式的「全才」
- 主要成就：提出牛頓運動定律、萬有引力定律等

P.22

- 姓名：德米特里·門捷列夫
- 性別：男
- 生卒年：1834－1907
- 國籍：俄羅斯
- 主要成就：發明元素週期表

P.24

- 姓名：阿爾弗雷德·貝恩哈德·諾貝爾
- 性別：男
- 生卒年：1833－1896
- 國籍：瑞典
- 主要成就：發明炸藥、創立諾貝爾獎

P.25

- 姓名：萊納斯·卡爾·鮑林
- 性別：男
- 生卒年：1901－1994
- 國籍：美國
- 主要成就：有關化學鍵的研究；反對核武器在地面測試

P.26

- 姓名：尼古拉斯·斯坦諾
- 性別：男
- 生卒年：1638－1686
- 國籍：丹麥
- 主要成就：提出地層層序律

P.26

- 姓名：威廉·史密斯
- 性別：男
- 生卒年：1769－1839
- 國籍：英國
- 主要成就：提出用生物化石鑒定地層年代

P.28

- 姓名：卡爾·馮·林奈
- 性別：男
- 生卒年：1707－1778
- 國籍：瑞典
- 主要成就：開創生物學新的分類系統

P.32

- 姓名：詹姆斯·普雷斯科特·焦耳
- 性別：男
- 生卒年：1818－1889
- 國籍：英國
- 主要成就：熱力學第一定律

P.33

- 姓名：魯道夫·克勞修斯
- 性別：男
- 生卒年：1822－1888
- 國籍：德國
- 主要成就：熱力學第二定律

P.34

- 姓名：喬治·史蒂芬森
- 性別：男
- 生卒年：1781－1848
- 國籍：英國
- 主要成就：發明蒸汽機車

P.37

- 姓名：戈特利布·丹拿
- 性別：男
- 生卒年：1834－1900
- 國籍：德國
- 主要成就：發明摩托車和汽車

P.37

- 姓名：亨利·福特
- 性別：男
- 生卒年：1863－1947
- 國籍：美國
- 主要成就：改變汽車生產方式

P.38

- 姓名：奧托·李林塔爾
- 性別：男
- 生卒年：1848－1896
- 國籍：德國
- 主要成就：發明滑翔機

P.8

姓名　阿基米德
性別　男
生卒年　公元前 287－前 212
國籍　古希臘
主要成就　發現槓桿原理、發現浮力定律

P.10

姓名　克羅狄斯·托勒密
性別　男
生卒年　約 90－168
國籍　古羅馬帝國
主要成就　「地心說」的集大成者

P.11

姓名　尼古拉·哥白尼
性別　男
生卒年　1473－1543
國籍　波蘭
主要成就　提出「日心說」

P.16

姓名　安德烈亞斯·維薩里
性別　男
生卒年　1514－1564
國籍　比利時
主要成就　解剖學之父，著有《人體構造》

P.18

姓名　威廉·哈維
性別　男
生卒年　1578－1657
國籍　英國
主要成就　發現血液循環的規律

P.20

姓名　安托萬－洛朗·德·拉瓦錫
性別　男
生卒年　1743－1794
國籍　法國
主要成就　近代化學的奠基人

P.25

姓名　瑪麗·居禮（居禮夫人）
性別　女
生卒年　1867－1934
國籍　法國
主要成就　發現放射性現象與釙元素；提煉出鐳

P.25

姓名　約翰·巴丁
性別　男
生卒年　1908－1991
國籍　法國
主要成就　發現晶體管效應；建立超導 BCS 理論

P.25

姓名　弗雷德里克·桑格
性別　男
生卒年　1918－2013
國籍　英國
主要成就　完整定序了胰島素的氨基酸序列；提出快速測定 DNA 序列的「桑格法」

P.30

姓名　尚－巴蒂斯特·拉馬克
性別　男
生卒年　1744－1829
國籍　法國
主要成就　提出生物進化學說

P.30

姓名　查爾斯·羅伯特·達爾文
性別　男
生卒年　1809－1882
國籍　英國
主要成就　創立生物進化論

P.32

姓名　詹姆斯·瓦特
性別　男
生卒年　1736－1819
國籍　英國
主要成就　改良蒸汽機

P.35

姓名　羅伯特·富爾頓
性別　男
生卒年　1765－1815
國籍　美國
主要成就　發明蒸汽輪船

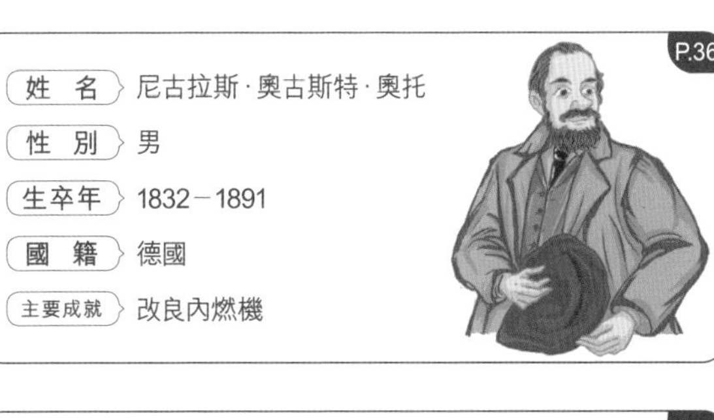

P.36

姓名　尼古拉斯·奧古斯特·奧托
性別　男
生卒年　1832－1891
國籍　德國
主要成就　改良內燃機

P.36

姓名　卡爾·弗里德里希·平治
性別　男
生卒年　1844－1929
國籍　德國
主要成就　發明汽車

P.38

姓名　萊特兄弟
性別　男
生卒年　1867－1912 & 1871－1948
國籍　美國
主要成就　發明飛機

P.39

姓名　孟格菲兄弟
性別　男
生卒年　1740－1810 & 1745－1799
國籍　法國
主要成就　發明熱氣球

P.40

姓名　安東尼·范·列文虎克
性別　男
生卒年　1632－1723
國籍　荷蘭
主要成就　發現微生物和精子

附錄 科學家名片

P.42

姓名：許旺
性別：男
生卒年：1810－1882
國籍：德國
主要成就：與施萊登共同創立細胞學說

P.43

姓名：施萊登
性別：男
生卒年：1804－1881
國籍：德國
主要成就：與許旺共同創立細胞學說

P.46

姓名：托馬斯·亨特·摩爾根
性別：男
生卒年：1866－1945
國籍：美國
主要成就：發現染色體機制和遺傳學第三定律

P.51

姓名：斯坦利
性別：男
生卒年：1904－1971
國籍：美國
主要成就：發現病毒結構

P.52

姓名：亞歷山大·弗萊明
性別：男
生卒年：1881－1955
國籍：英國
主要成就：發現青霉素

P.54

姓名：彼得·馬森布洛克
性別：男
生卒年：1696－1761
國籍：荷蘭
主要成就：發明萊頓瓶

P.55

姓名：安德烈－馬里·安培
性別：男
生卒年：1775－1836
國籍：法國
主要成就：對電磁作用的研究

P.56

姓名：托馬斯·阿爾瓦·愛迪生
性別：男
生卒年：1847－1931
國籍：美國
主要成就：兩千多項發明；創立通用電氣公司

P.59

姓名：阿爾伯特·愛因斯坦
性別：男
生卒年：1879－1955
國籍：美國
主要成就：提出光量子假說；創立相對論

P.60

姓名：尼爾斯·玻爾
性別：男
生卒年：1885－1962
國籍：丹麥
主要成就：玻爾原子模型

P.62

姓名：克里斯托弗·哥倫布
性別：男
生卒年：1451－1506
國籍：意大利
主要成就：發現新大陸

P.62

姓名：費迪南·麥哲倫
性別：男
生卒年：1480－1521
國籍：葡萄牙
主要成就：率領船隊首次完成了環球航行

P.68

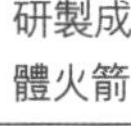

姓名：羅伯特·哈金斯·戈達德
性別：男
生卒年：1882－1945
國籍：美國
主要成就：研製成功世界上第一枚液體火箭

P.70

姓名：愛德文·鮑威爾·哈勃
性別：男
生卒年：1889－1953
國籍：美國
主要成就：建立哈勃定律

P.70

姓名：喬治·伽莫夫
性別：男
生卒年：1904－1968
國籍：美國
主要成就：提出「宇宙大爆炸」理論

P.79

姓名：袁隆平
性別：男
生卒年：1930－2021
國籍：中國
主要成就：雜交水稻之父

P.47

姓名：格雷戈爾·孟德爾
性別：男
生卒年：1822－1884
國籍：奧地利
主要成就：發現了遺傳學分離定律和自由組合定律

P.49

姓名：愛德華·詹納
性別：男
生卒年：1749－1823
國籍：英國
主要成就：發明並推廣牛痘接種法，打開免疫學的大門

P.50

姓名：路易斯·巴斯德
性別：男
生卒年：1822－1895
國籍：法國
主要成就：對細菌的研究；創立巴氏消毒法；發明狂犬病疫苗

P.54

姓名：本傑明·富蘭克林
性別：男
生卒年：1706－1790
國籍：美國
主要成就：證實閃電的本質是電；發明避雷針

P.54

姓名：亞歷山德羅·伏特
性別：男
生卒年：1745－1827
國籍：意大利
主要成就：發明伏打電堆

P.55

姓名：米高·法拉第
性別：男
生卒年：1791－1867
國籍：英國
主要成就：提出電磁感應學說；提出磁感線理論；發明發電機

P.60

姓名：約翰·道爾頓
性別：男
生卒年：1766－1844
國籍：英國
主要成就：提出原子學説

P.60

姓名：歐內斯特·盧瑟福
性別：男
生卒年：1871－1937
國籍：英國
主要成就：發現原子核和質子

P.60

姓名：約瑟夫·約翰·湯姆遜
性別：男
生卒年：1856－1940
國籍：英國
主要成就：發現電子

P.62

姓名：達·伽馬
性別：男
生卒年：1469－1524
國籍：意大利
主要成就：開拓了從歐洲繞過好望角到達印度的航線

P.64

姓名：阿爾弗雷德·魏格納
性別：男
生卒年：1880－1930
國籍：德國
主要成就：提出大陸漂移説

P.68

姓名：康斯坦丁·齊奧爾科夫斯基
性別：男
生卒年：1857－1935
國籍：俄羅斯
主要成就：宇宙航行之父

P.79

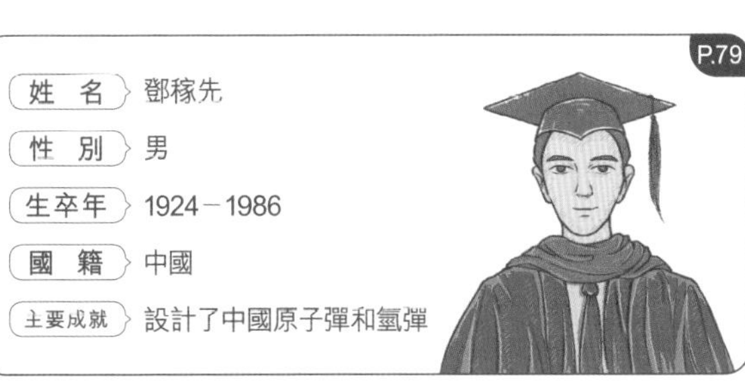

姓名：屠呦呦
性別：女
生卒年：1930－
國籍：中國
主要成就：創製抗瘧疾藥

P.79

姓名：鄧稼先
性別：男
生卒年：1924－1986
國籍：中國
主要成就：設計了中國原子彈和氫彈

P.79

姓名：錢學森
性別：男
生卒年：1911－2009
國籍：中國
主要成就：中國導彈之父、中國航天之父

附錄 索引

數學

物理

化學

生物

天文

地理

信息

工程

航空航天

其他

作者團隊：米萊童書

米萊童書是由中國多位資深童書編輯、畫家組成的原創童書研發平台，旨在用彩色畫筆為孩子們繪出科學與真理的世界。團隊曾多次獲得國家級動漫產品大獎，致力於研發在傳統童書的基礎上對閱讀產品進行內容與形式的升級迭代，使其更加適應當代中國家庭的閱讀需求與學習需求。已出版的代表作品有：《成長是甚麼？》《生命簡史——從宇宙起源到人類文明》《田野裏的自然歷史課》《生命的一天——你我，宇宙和萬物的故事》《好奇心時報》等。

學術指導

劉嘉麒（中國科學院院士 著名地質學家 中國科普作家協會名譽理事長）

章梅芳（北京科技大學科技史與文化遺產研究院教授）

柏　毅（東南大學教授 中國教育學會科學教育分會副理事長）

製作組成員

策 劃 人：劉潤東　王丹

統籌編輯：王佩

繪 畫 組：賀俊丹　孫振剛　翁衛　欒天　霍霜霞　滿逸

美術設計：劉雅寧　楊雅冰

運營統籌：黃靜　董雪梅　陳玉明